75th Anniversary

庆祝中华人民共和国
成立七十五周年书系

新中国史研究文丛

新中国环境保护工作研究

（1949—1979）

徐轶杰　著

当代中国出版社
Contemporary China Publishing House

图书在版编目（CIP）数据

新中国环境保护工作研究：1949—1979 / 徐轶杰著 .
北京：当代中国出版社，2024. 11. --（新中国史研究文
丛）. -- ISBN 978-7-5154-1493-5

Ⅰ . X322

中国国家版本馆 CIP 数据核字第 2024723BH8 号

出 版 人　蔡继辉
责任编辑　周显亮
责任校对　贾云华　康　莹
印刷监制　刘艳平
封面设计　宋　涛　鲁　娟
出版发行　当代中国出版社
地　　址　北京市地安门西大街旌勇里 8 号
网　　址　http://www.ddzg.net
邮政编码　100009
编 辑 部　（010）66572180
市 场 部　（010）66572281　66572157
印　　刷　北京润田金辉印刷有限公司
开　　本　710 毫米×1000 毫米　1/16
印　　张　17.5 印张　1 插页　207 千字
版　　次　2024 年 11 月第 1 版
印　　次　2024 年 11 月第 1 次印刷
定　　价　88.00 元

新中国史研究文丛
— 总 序 —

在新中国成立 75 周年之际，当代中国研究所组织编辑出版的《新中国史研究文丛》第一批成果终于与读者见面了。

当代中国研究所是中共中央批准成立的专门从事中华人民共和国史研究、编撰与宣传工作的科研机构，自 1990 年成立以来，编写出版了《中华人民共和国史稿》《中华人民共和国简史》《新中国 70 年》《中华人民共和国史编年》《中国式现代化简史》等国史基本著作。为迎接新中国成立 75 周年，当代中国研究所组织编写《中华人民共和国史》《新中国史事编年》等学术著作，不断推动新中国史研究事业繁荣发展。《新中国史研究文丛》，既是当代中国研究所肩负"修史、资政、育人、护国"职责使命，为庆祝新中国成立 75 周年献上的一份厚礼，也是对当代中国研究所成立 30 余年来科研成果的又一次检阅。

习近平总书记在致国史学会成立 30 周年贺信中强调，要坚持正确政治方向，坚持历史唯物主义，以马克思主义中国化时代化最新成果为指导，进一步团结全国广大国史研究工作者，牢牢把握国史的主题主线、主流本质，不断提高研究水平，创新宣传方式，加强教育引导，激励人们坚定历史自信、增强历史主动，更好凝聚团结奋斗的精神力量，为全面建设社会主义现代化国家、全面推进中华民族伟大复兴作出新贡献。这不仅为当代中国研究所、国史学会的发展指明了方向，也为我们在新时代新征程上全面推动新中国史研究事业高质量发展提供了根本遵循。

赓续历史文脉，谱写当代华章。习近平总书记指出："重视历史、研究历史、借鉴历史是中华民族 5000 多年文明史的一个优良传统。当代中国是历史中国的延续和发展。"深入研究新中国史，一方面是继承发扬中国源远流长的史学传统，另一方面可以从中深刻体悟中华文明具有突出的连续性、创新性、统一性、包容性和和平性。在新的起点上深化和拓展中国式现代化，更好担负起新的文化使命，就需要立足中华民族伟大历史实践和当代实践，用中国道理总结好中国经验。这是编辑出版《新中国史研究文丛》的重要使命。

激励人们坚定历史自信，增强历史主动。历史是最好的教科书，也是最好的营养剂。新中国史是中华民族发展史上的时代画卷，是世界社会主义发展史、人类文明发展史上的辉煌篇章。只有坚持以习近平新时代中国特色社会主义思想为指导，不断深化新中国史研究，拿出高质量的研究成果，并加强研究成果的宣传、推广，才能真正把历史智慧和历史经验进一步转化为全国各族人民团结奋斗的精神力量，充分发挥新中国史资政、育人、护国的作用。这是编辑出版《新中国史研究文丛》的重要目的。

推动新中国史"三大体系"建设，建构中国自主知识体系。加快构建中国特色哲学社会科学学科体系、学术体系、话语体系是习近平总书记在哲学社会科学工作座谈会上提出的新时代战略任务。新中国史伴随着新中国的发展而发展，是一个兼具政治性与学术性的新兴学科。经过几十年特别是新时代十余年以来的努力，新中国史"三大体系"建设已经取得了一定的成绩。但毋庸讳言，与其他成熟学科相比，新中国史还有很大进步空间。编辑出版《新中国史研究文丛》，是加快构建新中国史"三大体系"、建构中国自主知识体系的一个重要举措。

展示真实、立体、全面的当代中国，促进文明交流互鉴。习近平总书记强调，要"着力加强国际传播能力建设、促进文明交流互鉴"。新中国史研究在这方面具有独特作用和特殊优势。新中国成立75年来，取得了令世界刮目相看的伟大成就。如何记录好、总结好新中国的辉煌成就和宝贵经验，是时代赋予的重大课题。新中国史研究工作者有责任积极参与国际性的对话和交流，在世界舞台上讲好当代中国故事，传播好当代中国声音，展示一个真实、立体、全面的当代中国，不断增强中华文明传播力和影响力。编辑出版《新中国史研究文丛》，希望有助于发挥新中国史研究在讲好中国故事中的独特作用。

　　培育新中国史研究力量，壮大人才队伍。"千秋基业，人才为本。"近几十年来，新中国史研究逐步形成了一支政治素养高、专业能力强、学科门类齐的人才队伍。推进科教融合，建立了中共党史系、中华人民共和国国史系，编撰出版教材，注意培养新中国史研究新生力量。但同时也要看到，新中国史研究还面临着成果发表平台不足、方法有待完善等现实问题，很大程度制约了人才的成长与发展。编辑出版《新中国史研究文丛》，有助于"出人、出书、走正路"，不断壮大新中国史研究人才队伍。

　　我们将编辑出版《新中国史研究文丛》作为一个长期项目，为新中国史研究的优秀成果提供优质的出版服务。期望得到学界同仁的关心和支持，大家一起通过此项目，为新中国史研究事业这座巍峨大厦添砖增瓦，并推动它不断繁荣发展。

李正华

2024 年 5 月

前　言

　　党的十八大将生态文明纳入中国特色社会主义总体布局，以习近平同志为核心的党中央高度重视并大力推进生态文明建设，攻坚克难，生态文明体制改革实现了重大突破，生态文明建设的"四梁八柱"基本建立，生态环境质量实现稳中改善。习近平生态文明思想成为习近平新时代中国特色社会主义思想的重要组成部分。

　　在这样的背景下，当代中国环境史研究取得了前所未有的进展，第一部通史性专著——《中国环境史·现代卷》[1]和第一部地方性环境通史著作——《当代上海生态建设研究》[2]得以出版，从事当代中国环境史研究的学者不断增加，研究活跃。但就学科发展、党和国家需要而言，当代中国环境史研究仍亟待加强。

　　就学科发展而言，中国从 20 世纪 70 年代即重视环保研究。1973年，第一次全国环境保护会议在北京召开，会议达成共识：中国存在

---

〔1〕张同乐等：《中国环境史·现代卷》，高等教育出版社 2022 年版。
〔2〕金大陆、梁志平、林超超：《当代上海生态建设研究》，当代中国出版社 2024 年版。

环境污染问题，"现在就抓，为时不晚。"1974 年 5 月经国务院批准正式成立国务院环境保护领导小组，当年颁布了《关于保护和改善环境的若干规定（试行）》，中国环保问题也随之展开。对于中国环境保护的研究也引起国外学界关注，一度成为国际学术界的焦点。60 年代，美国环保运动风起云涌之时，美国左派将中国想象成没有工业没有污染的"红色乌托邦"，以至于 70 年代，美国经济专家在国会听证会上还认为中国没有工业污染是幸运的。[1]80 年代以来，中国的土地退化问题和环境污染问题引起西方的关注。[2]1993 年，瓦格纳·斯密尔进一步指出中国环境问题的严峻性。[3]1998 年 1 月，海外中国学研究的重要期刊《中国季刊》专门召开了"中国的环境"（Chinese Environment）学术研讨会，以会议论文为基础，1998 年 12 月专门刊出了"中国的环境"专号，从历史、法律、土地、水、生物多样性、人口、经济发展等多角度研究中华人民共和国环境发展历程。[4]1999 年 9 月，《中国季刊》"中华人民共和国 50 年"专号，《中华人民共和国环境 50 年》讨论了建国 50 年来环境保护机构的变迁、环境法制的建立以及自然环

〔1〕Congressional Joint Economic Committee, *China: A Reassessment of the Economy*, U.S. Government Printing Office, Washington, 1975, pp.116-145；中文译文参见美国国会联合经济委员会编：《对中国经济的重新估计》上册，北京对外贸易学院等译，中国财政经济出版社 1977 年版，第 273—274 页。

〔2〕参见［美］瓦格纳·斯密尔：《中国生态环境的恶化：美国瓦格纳·斯密尔的报告》，潘佐红、卢锋、李振宁译，中国展望出版社 1988 年版，第 210 页。

〔3〕Vaclav Smil, "China's Environment Refugee", in *Environmental Crisis: Regional Conflicts and the ways of Cooperation*, ed. Kurt R. Spillmann, Swiss Institute of Technology, 1995.

〔4〕Special Issue: China's Environment (Dec., 1998), *The China Quarterly*, No.156.

境的变化等。[1]

21世纪以来，西方学术界形成了"以意识形态为主导的"当代中国环境史研究和"现代化压力下的环境破坏论"。这些研究几乎没有一手资料，很难说是严谨的史学研究，对中国环境问题的认识是模糊甚至错误的。比如，有的学者从农业生产中的氮元素循环入手解释中国几千年来的环境变迁，却将改革开放后农业生产发展片面归功于美国将氮肥生产线出口到中国。[2]这种模糊甚至是错误的片面认识，随着该书作为第一本英语世界的中国环境史教科书而普遍传播，甚至得到某种强化。近年来，西方学者逐步回归学术研究，开始利用档案和基础文献研究当代中国环境史。[3]

正如习近平总书记所指出的，"我国生态环境矛盾有一个历史积累过程，不是一天变坏的，但不能在我们手里变得越来越坏，共产党人应该有这样的胸怀和意志"[4]。中国的环境问题也有一个漫长的历史过程。中国共产党自成立以来长期关注人民健康和人民幸福，也长期关注环境问题。

新民主主义革命时期，《新青年》中就有多篇文章关注工人的工作环境。1923年，《广东农会章程》明确规定了农会会务包括"办理农

[1] Richard Louis Edmonds, "The Environment in the People's Republic of China 50 Years On", Special Issue: The People's Republic of China after 50 Years (Sep., 1999), *The China Quarterly*, No.159, pp.640-649.

[2] Robert B. Marks, *China: Its Environment and History*, Lanham: Rowman and Littlefield, 2012. 该书中文译本参见［美］马立博：《中国环境史：从史前到现代》，关永强、高丽洁译，人民大学出版社2015年版。

[3] 参见［美］唐纳德·沃斯特：《欲望行星：人类时代的地球》，侯深译，贵州人民出版社2024年版。

[4] 中共中央文献研究室编：《习近平关于社会主义生态文明建设论述摘编》，中央文献出版社2017年版，第8页。

桑垦荒造林改良肥料种子耕法农具及其他关于农业事项""办理疏浚河流湖塘修筑坡圳及其他水利事项"。[1]1931 年，中华苏维埃共和国临时中央政府在江西瑞金成立，陆续通过了《中华苏维埃共和国土地法令》《山林条例》等法规。

中华人民共和国成立后，新中国继承了原有的卫生体系，又借鉴学习了苏联的卫生监督工作，并形成了将工业废弃物综合利用的思想，走出了有中国特色的"三废"（废水、废气、废渣）综合利用和治理之路。

1952 年,《工厂设计卫生标准》介绍了苏联的工厂设计卫生标准。[2]在此基础上，结合中国的实践和国家发展特征形成了《工业企业设计暂行卫生标准》。[3]中国逐步建立起以综合利用为中心的工业"三废"治理体系。

随着中国工业的发展和国际形势演变，中国的环境保护工作在"三废"管理的基础上应运而生。1972 年，中国派出了以唐克为团长的高级别代表团出席斯德哥尔摩人类环境大会。1975 年，国务院批准成立了中国科学院环境化学研究所，是研究环保的专门机构。该研究所后发展为中国科学院生态环境研究中心。

在环境保护工作发展的过程中，我国积累了大量的文献和史料，

---

〔1〕参见中共海丰县委党史办公室、中共陆丰县委党史办公室编:《海陆丰革命史料·第 1 辑（1920—1927）》，广东人民出版社 1986 年版，第 117 页。

〔2〕参见《工厂设计卫生标准》，王敏英译，东北人民政府卫生部教育处出版科 1952 年;《苏联工厂设计卫生标准》（1951 年改订），王敏英译，人民卫生出版社 1953 年版;苏联部长会议国家建设事业委员会批准:《苏联工业企业设计卫生标准》，诸慧华译，人民卫生出版社 1956 年版。

〔3〕参见中华人民共和国国家建设委员会、中华人民共和国卫生部批准:《工业企业设计暂行卫生标准（标准 -101-56）》，人民卫生出版社 1956 年版。

这些文献和史料是深入研究当代中国环境史的基础。

目前就作者所知，最早公开发行的环境保护文献汇编是 1974 年的《环境保护文选》。[1]地方环境保护部门最早的当属 1972 年天津市塘沽区革命委员会环境保护办公室内部发行的《环境保护文件选编》。[2] 1985 年，北京市环保局为撰写《当代北京》编写的《北京市环境保护大事记》，记录了 1971—1985 年北京市环境保护工作的重大事件。

随着我国环境事业的发展和立法工作的需要，环境政策文件越来越集中于专门的环境部门和研究单位进行梳理。1982 年，中国环境管理、经济与法学会、北京政法学院经济法教研室、北京大学法律系民法教研室联合编纂了 5 卷本的《环境法参考资料选编》，系统梳理了新中国成立以来出台的与环境相关的法律法规。[3] 1983 年，中国环境科学研究院环境法研究所和武汉环境法研究所环境法研究所合编出版了《中华人民共和国环境保护法研究文献选编》。[4] 2015 年，《中国环境法全书》系统整理了我国的环境法律法规，为环境法制史研究奠定了扎实的资料基础。[5]

1988 年，为了纪念中国环境保护事业开创 15 周年，国家环境保

〔1〕参见中国建筑工业出版社编辑部：《环境保护文选》，中国建筑工业出版社 1975 年版。
〔2〕参见天津市塘沽区革命委员会环境保护办公室：《环境保护文件选编》，1972 年。
〔3〕参见中国环境管理、经济与法学会，北京政法学院经济法教研室，北京大学法律系民法教研室编：《环境法参考资料选编》（第 1—5 辑），1982 年。
〔4〕参见中国环境科学研究院环境法研究所、武汉大学环境法研究所编：《中华人民共和国环境保护法研究文献选编》，法律出版社 1983 年版。
〔5〕参见徐祥民主编：《中国环境法全书》（1—14 卷），人民出版社 2015 年版。

护局出版了《光辉的事业：纪念中国环境保护事业开创十五周年》。[1]同年，为总结和宣传宣传"六五"期间（1981—1985）的环境保护工作，国家环境保护局编写了《中国环境保护事业（1981—1985）》，其所采用业务领域按部门归类为 10 章的模式为后来的环保部门资料汇编所沿用。[2]

1988 年，《环境保护文件选编（1973—1987）》是第一部由国家环境保护主管部门出版的文件选编。[3]在此基础上，《环境保护文件选编（1988—1992）》《环境保护文件选编（1993—1995）》[4]陆续编辑出版，并从 1998 年开始出版年度的《环境保护文件选编（1996）》[5]，形成了年度《环境保护文件选编》的编纂传统。2001 年，当时的国家环境保护总局联合中央文献研究室编辑出版了《新时期环境保护重要文献选编》。[6]除了编纂环保系统文件，环境问题相关文件的整理与出

---

〔1〕参见国家环境保护局编：《光辉的事业：纪念中国环境保护事业开创 15 周年》，中国环境科学出版社 1988 年版。

〔2〕参见国家环境保护局编：《第三次全国环境保护会议文件汇编》，中国环境科学出版社 1989 年版；国家环境保护局编：《第四次全国环境保护会议文件汇编》，中国环境科学出版社 1996 年版；国家环境保护局编：《中国环境保护事业（1981—1985）》，中国环境科学出版社 1988 年版；中国环境科学出版社编：《第七次全国环境保护大会文件汇编》，中国环境科学出版社 2012 年版。

〔3〕参见国家环境保护局办公室编：《环境保护文件选编（1973—1987）》，中国环境科学出版社 1988 年版；长春市环境保护局编：《环境保护文件汇编（1973—1989）》，1990 年。

〔4〕参见国家环境保护局办公室编：《环境保护文件选编（1988—1992）》，中国环境科学出版社 1995 年版；国家环境保护局办公室编：《环境保护文件选编（1993—1995）》，中国环境科学出版社 1996 年版。

〔5〕参见国家环境保护局办公室编：《环境保护文件选编（1996）》，中国环境科学出版社 1998 年版。

〔6〕参见国家环境保护总局、中共中央文献研究室编：《新时期环境保护重要文献选编》，中央文献出版社、中国环境科学出版社 2001 年版。

版也同时展开,如《国土资源保护与利用文献选编》《环境经济政策汇编》等。[1]

1994年出版的《中国环境保护行政二十年》史料价值较高。[2]在此基础上,环境保护部组织编写了《改革开放中的中国环境保护事业30年》一书,沿用《中国环境保护行政二十年》体例的同时,增加了20世纪90年代至2008年中国环境保护工作的发展。[3]但遗憾的是,环境保护主管部门并没有一个专门的机构来进行环境史和环保史的研究,主要依托中国环境科学出版社以项目制的形式推动环境史研究,最终在2019年推出了4卷本的《中国环境通史》,但很可惜当代卷没能出版。[4]值得一提的是,环境保护部2008年启动的"中国区域环境保护丛书",第一次从区域环境的角度对我国环境保护的历史进行了全面系统的总结、归纳和梳理。难能可贵的是,2021年"军事环境保护丛书"出版,极大地加强了我国军事环境保护领域的研究。[5]

此外,党史部门先后总结了毛泽东、周恩来等党和国家领导人与环境有关的论述。1993年,原林业部编辑了《毛泽东论林业》(摘编

[1] 参见国土资源部、中共中央文献研究室编:《国土资源保护与利用文献选编(一九七九—二〇〇二年)》,中央文献出版社2003年版;环境保护部政策法规司编:《环境经济政策汇编》(上、下),中国环境出版社2016年版。

[2] 参见《中国环境保护行政二十年》编委会编:《中国环境保护行政二十年》,中国环境科学出版社1994年版。

[3] 参见《改革开放中的中国环境保护事业30年》编委会:《改革开放中的中国环境保护事业30年》,中国环境科学出版社2010年版。

[4] 参见《中国环境通史》(4卷本),中国环境科学出版集团2019年版。

[5] 参见军事环境保护丛书编委会编:《军事环境保护管理》,中国环境出版集团2021年版;军事环境保护丛书编委会编:《军事环境污染防治》,中国环境出版集团2021年版;军事环境保护丛书编委会编:《军事环境科学研究》,中国环境出版集团2021年版;军事环境保护丛书编委会编:《军事生态环境保护》,中国环境出版集团2021年版。

本）[1]，在此基础上以中共中央文献研究室与专业部门合作的方式陆续出版了"领导人论林业"系列。[2]此外，其他与环境工作有关的专题总结也陆续出版，如《曲格平文集》[3]、《林业建设问题研究》[4]、《中国生态演变与治理方略》[5]、《万里环境保护文集》[6]等。

中国有注重地方史志编纂的传统，随着社会主义建设的进行，各地各级的环境部门与地方志研究者合作出版了大量的地方环境保护类的专卷。它们是当代中国史研究重要的线索和资料来源，如《湖北省环境保护志》《北京志·市政卷·环境保护志》等。[7]随着新一轮修志工作的开展，地方志研究成果也逐渐出现，如《安徽环境保护年述》等。[8]

〔1〕参见中华人民共和国林业部编：《毛泽东论林业》，中央文献出版社1993年版。

〔2〕参见中共中央文献研究室、国家林业局编：《周恩来论林业》，中央文献出版社1999年版；中共中央文献研究室、国家林业局编：《新时期党和国家领导人论林业与生态建设》，中央文献出版社2001年版；中共中央文献研究室、国家林业局编：《毛泽东论林业》（新编本），中央文献出版社2003年版；中共中央文献研究室、国家林业局编：《刘少奇论林业》，中央文献出版社2004年版。

〔3〕参见《曲格平文集》（12册），中国环境科学出版社2007年版。此外还有曲格平、彭近新主编：《环境觉醒——人类环境会议和中国第一次环境保护会议》，中国环境科学出版社2010年版；李怀臣主编：《天道曲如弓：新闻视角下的曲格平》（修订本），中国环境科学出版社2015年版；

〔4〕参见雍文涛：《林业建设问题研究》，中国林业出版社1986年版。

〔5〕参见姜春云主编：《中国生态演变与治理方略》，中国农业出版社2004年版；姜春云主编：《偿还生态欠债——人与自然和谐探索》，新华出版社2007年版；姜春云：《姜春云调研文集·生态文明与人类发展卷》，新华出版社2010年版；姜春云：《生态新论》，新华出版社2013年版。

〔6〕参见国务院环境保护委员会办公室编：《万里同志关于环境保护的论述》，中国环境科学出版社1988年版；《万里环境保护文集》，中国环境科学出版社1998年版。

〔7〕参见全国地方志资料工作协作组编：《中国新方志目录（1949—1992）》，书目文献出版社1993年版。

〔8〕参见《安徽省环境志》编辑室编，方晨主编：《安徽环境保护年述（1973年—2012年）》，合肥工业大学出版社2014年版。

环境史是一门综合学科，除了相关部门外，还涉及预防医学史、林业史、环境社会学、城市规划研究、生态文明研究、国际关系学（环境外交）等多个学科。

预防医学部门曾经是新中国环境问题主要负责部门，预防医学史研究为当代中国环境史提供了重要的视角和资料，并在近年取得了新的进展。20世纪80年代开始，由卫生部门牵头开始组织专家系统地梳理了劳动卫生、环境卫生、放射防护和爱国卫生运动等领域的历史经验。[1]戚其平主编的《环境卫生五十年》按学科门类系统梳理了环境卫生各分支门类在新中国的发展历程。[2]2021年出版的《中国公共卫生与预防医学学科史》增加了卫生监督学等章节，进一步完善了预防医学与环境问题关系的链条。[3]同一年出版的《公共卫生史》也对卫生防疫和卫生监督体系进行了专门研究。[4]

从林业史研究看，林业工作主管部门长期坚持业务资料及领导人资料的整理和出版。1960年起，林业部编辑出版了《林业工作重要文件汇编》系列资料，各地方林业系统也出版了地方的林业资料汇编，如贵州省农林厅林业局的《林业工作参政资料》、湖南省林业局的《林业工作学习资料》、云南省林业厅的《林业资料》[5]，以及一些专业部

---

[1] 参见《新中国预防医学历史经验》编委会编：《新中国预防医学历史经验》第2卷，人民卫生出版社1990年版。

[2] 参见戚其平主编：《环境卫生五十年》，人民卫生出版社2004年版。

[3] 参见中国科学技术协会主编，中华预防医学会编著：《中国公共卫生与预防医学学科史》，中国科学技术出版社2021年版。

[4] 参见范春等编著：《公共卫生史》，厦门大学出版社2021年版。

[5] 参见中华人民共和国林业部办公厅编：《林业工作重要文件汇编》第1辑，中国林业出版社1960年版；中华人民共和国林业部办公厅编：《林业工作重要文件汇编》第10辑，中国林业出版社1986年版。

门的资料集[1]，为了解我国林业工作提供了基本史料。张钧成等专家学者先后参编《当代中国的林业》《中国林业四十年》《中国林业五十年（1949—1999）》[2]。2014 年，1500 余万字的《中华大典·林业典》为了解我国林业发展历史提供了必要的基础和工具。[3]

　　进入 21 世纪以来，中国环境社会学的发展进入快车道。[4]陈阿江及其学术团队对太湖流域水污染产生的次生焦虑进行了研究[5]，并对太湖以及巢湖流域农村面源污染形成的社会成因进行了探讨，并提出了应对的建议[6]。

　　当代中国城市环境史和城市规划研究方兴未艾。金大陆教授关于上海大气污染、黄浦江水系污染、工业废渣、绿化等问题的研究，极

〔1〕参见林业部林业工作站管理总站编：《林业工作站文件资料汇编（1988—1993）》，中国林业出版社 1994 年版。

〔2〕参见《当代中国》丛书编辑部编辑编：《当代中国的林业》，中国社会科学出版社 1985 年版；林业部教育宣传司编：《中国林业四十年（1949—1989）》，中国林业出版社 1989 年版；国家林业局编：《中国林业五十年（1949—1999）》，中国林业出版社 1999 年版。

〔3〕参见《中华大典》工作委员会、《中华大典》编纂委员会编纂：《中华大典·林业典·园林与风景名胜分典》（2 册），凤凰出版社 2014 年版；《中华大典》工作委员会、《中华大典》编纂委员会编纂：《中华大典·林业典·森林培育与管理分典》，凤凰出版社 2012 年版；《中华大典》工作委员会、《中华大典》编纂委员会编纂：《中华大典·林业典·森林利用分典》，凤凰出版社 2013 年版；《中华大典》工作委员会、《中华大典》编纂委员会编纂：《中华大典·林业典·森林资源与生态分典》（2 册），凤凰出版社 2014 年版；《中华大典》工作委员会、《中华大典》编纂委员会编纂：《中华大典·林业典·林业思想与文化分典》，凤凰出版社 2013 年版。

〔4〕参见洪大用：《环境社会学：事实、理论与价值》，《思想战线》2017 年第 1 期。

〔5〕参见陈阿江：《次生焦虑：太湖流域水污染的社会解读》，中国社会科学出版社 2010 年版。

〔6〕参见陈阿江、罗亚娟等：《面源污染的社会成因及其应对——太湖流域、巢湖流域农村地区的经验研究》，中国社会科学出版社 2020 年版。

大地推动了当代中国城市环境史的研究。[1]李浩在开展口述史料搜集整理的同时,利用部门档案研究了北京及重点城市的城市规划,探讨了我国城市规划对城市环境的影响。[2]

从生态文明研究角度看,赵凌云学术团队长期关注中国的环境保护政策及人地关系问题[3],2014年出版的《中国特色生态文明建设道路》讨论了中国环保事业的基本分期问题[4]。刘国新讨论了新中国生态文明建设三个阶段的不同特点。[5]康沛竹学术团队也聚焦于生态文明建设的历史梳理和现实研究,梳理了1949年以来中国共产党生态思想的演进,同时展开对环保史个案和理论问题的研究。[6]此外,秦书生尝试

〔1〕参见金大陆:《20世纪六七十年代上海城市大气污染问题研究》,《上海大学学报(社会科学版)》2020年第5期;金大陆:《20世纪六七十年代上海黄浦江水系污染问题研究(1963—1976)》,《中国经济史研究》2021年第1期;金大陆:《20世纪六七十年代上海处理工业废渣问题研究》,《史林》2021年第5期;金大陆:《二十世纪六七十年代上海城市绿化问题研究》,《中共党史研究》2022年第2期。

〔2〕参见李浩:《八大重点城市规划》,中国建筑工业出版社2016年版;李浩:《北京城市规划(1949—1960)》,中国建筑工业出版社2022年版;李浩等访问、整理:《城·事·人:城市规划前辈访谈录》第1—9辑,中国建筑工业出版社2017—2022年版。

〔3〕参见赵凌云、张连辉:《新中国成立以来发展观与发展模式的历史互动》,《当代中国史研究》2005年第1期;张连辉、赵凌云:《新中国成立以来环境观与人地关系的历史互动》,《中国经济史研究》2010年第1期;张连辉、赵凌云:《改革开放以来中国共产党转变经济发展方式理论的演进历程》,《中共党史研究》2011年第10期。

〔4〕参见赵凌云、张连辉、易杏花等:《中国特色生态文明建设道路》,中国财政经济出版社2014年版。

〔5〕参见刘国新、宋华忠、高国卫:《美丽中国:中国生态文明建设政策解读》,天津人民出版社2014年版。

〔6〕参见段蕾:《新中国环保事业的起步:1970年代初官厅水库污染治理的历史考察》,《河北学刊》2015年第5期;段蕾、康沛竹:《走向社会主义生态文明新时代——论习近平生态文明思想的背景、内涵与意义》,《科学社会主义》2016年第2期。

探讨了改革开放以来中国共产党生态文明建设思想的历史演进。[1]

中国的环境保护事业与国际关系的联系密切相关。1972 年的斯德哥尔摩会议是中国恢复联合国合法席位后第一次出现在国际舞台上。关于环境外交的研究已经取得一定成果，如《中国环境外交：中国环境外交的回顾与展望》[2]、《中国环境外交——从斯德哥尔摩到里约热内卢》[3]、《冷战后中国环境外交发展研究》[4]、《对华环境援助的减污效应与政策研究》[5]等，但是目前基于多边文献和外交档案的专业环境外交研究还有待进一步深化。

回顾历史，党和政府始终是中国环境事业的推动者和领导者，人民利益是党和政府推动环境工作的出发点和归宿。新时代有志于当代中国环境史研究的同人应当打破学科壁垒，丰富自己的学科背景知识，抓紧抢救口述、文字、科技、实物等多种形式史料，利用好现代科学技术，争取早日书写出实事求是的符合党和人民需要的以人民为中心的当代中国环境史。

---

〔1〕参见秦书生：《改革开放以来中国共产党生态文明建设思想的历史演进》，《中共中央党校学报》2018 年第 2 期。

〔2〕参见王之佳编著：《中国环境外交：中国环境外交的回顾与展望》，中国环境科学出版社 1999 年版。

〔3〕参见王之佳编著：《中国环境外交——从斯德哥尔摩到里约热内卢》，中国环境科学出版社 2012 年版。

〔4〕参见范亚新：《冷战后中国环境外交发展研究》，中国政法大学出版社 2015 年版。

〔5〕参见余群芝等：《对华环境援助的减污效应与政策研究》，人民出版社 2015 年版。

目　录

第一章

资源综合利用思想的初步探索

第一节　新中国成立初期的环境卫生工作

1950 年，中央人民政府卫生部在《1950 年工作计划大纲》中提出了"设立工矿卫生实验区""建立城市卫生实验区""设立农村卫生实验区"的要求。[1] 这种要求其实可以被理解为公共卫生领域原有传统的延续。[2]

新中国的环境卫生工作既受到民国时期英美卫生观念的影响，也受到苏联卫生观念的直接影响。1948 年 10 月，东北解放区东北铁路总局就仿照苏联防疫机构模式，在哈尔滨组建了"中央防疫站"和防疫所。随着 1950 年朝鲜战争的爆发，苏联对我国公共卫生事业的影响与日俱增。1951 年，根据苏联专家波波夫的建议，原东北人民政府卫

---

[1] 参见第一届全国卫生会议筹备会秘书处编印：《第一届全国卫生会议筹备工作资料汇编》第 2 集，1950 年 5 月，第 39—40 页。

[2] 1923 年，北京协和医学院聘请美国人兰安生（John B. Grant）担任公共卫生学教授，开启了中国预防医学的教学与试验活动。1928—1938 年，国内公共卫生先驱陈志潜先生在定县建立了第一个农村卫生实验区，这些工作由于抗日战争的爆发而被迫停止。参见何观清：《我在协医及第一卫生事务所的工作经过》，载北京市政协文史资料研究委员会编：《话说老协和》，中国文史出版社 1987 年版，第 167—181 页；彭秀良：《守望与开新：近代中国的社会工作》，河北教育出版社 2010 年版，第 54—55 页。

生部建立了卫生监督室。[1]

1952 年，中央人民政府卫生部和中央人民政府革命军事委员会卫生部派出了由 15 名卫生干部和 4 名翻译组成的中国卫生工作者首届赴苏联参观团，赴苏联学习。参观团分为医疗预防组、卫生防疫组、医学教育组和医政组。在 6 个月的时间里，参观团充分记录并向国内介绍了苏联当时最先进的医疗技术、医疗组织模式和最新的卫生防疫理念。在卫生防疫领域，参观团了解并介绍了苏联国家卫生监督和卫生防疫部门的组织架构和权力职责，以及两者在卫生监督工作上的分工与合作。苏联的国家卫生监督部门的职责和权力有："1. 监督工业企业工厂排出废弃物（烟尘及废水）使不致污染空气及水源或土壤，有效地管理及监督工业一般废水及垃圾的处理；2. 监督在建筑设计计划中遵守卫生标准；3. 监督各种细菌制剂及血清的质量；4. 所有典型设计方案都需与国家卫生监督部门商订决定；5. 对生产的技术条件的卫生监督。""任何企业部门的建筑或生产有违背卫生标准者，对人体健康有极其严重的损害和危险，若不按国家卫生监督的要求改正，则国家卫生监督有权立即查封。"[2]

随着国家大规模经济建设的即将展开，1953 年 1 月 16 日，卫生部副部长贺诚在政务院第 167 次会议上作了《关于卫生行政会议与第二届全国卫生会议的报告》。会议批准在全国范围内建立卫生防疫站。[3]

1953 年 3 月—5 月，中央卫生研究院院长沈其震随中国科学院代

---

[1] 参见陈海峰编著：《陈海峰影文集》，《中国医学理论与实践》编辑部，2002 年，第 316 页。

[2] 中国卫生工作者首届赴苏参观团编：《中国卫生工作者首届赴苏参观团参观报告》，人民卫生出版社 1954 年版，第 132 页。

[3] 参见殷大奎主编：《中华营养保健年卷》首卷本，天津人民出版社 2000 年版，第 312 页。

表团访问苏联，系统介绍了苏联的医学组织工作，并重点访问了劳动卫生及职业病研究所、公共卫生及环境卫生研究所等 8 个单位，并与苏联保健部部长进行了会谈。[1]回国后，沈其震系统介绍了苏联公共卫生工作的运作机制，并建议将天津工业卫生实验院和卫生工程系合并筹建劳动卫生与职业病研究所。[2]

在我国的苏联专家也为我国卫生监督机制的建立提供了帮助。苏联专家波尔德列夫为我国推行卫生监督起草了"条例草案"[3]，在第二届卫生防疫会议上还作了"苏联预防性卫生监督和中国目前建设时期开展这一工作的可能性"的报告[4]，这对我国开展这一工作具有重要指导意义，为今后实行预防性卫生监督指出了正确方向。[5]从 1955 年起，苏联专家尼基金考察了我国 20 余个大小城市，帮助解决工业企业选择厂址、上下水道等预防性卫生监督，协助审查了济南、青岛等 30 多个城市的规划。在短短的两年时间里，也为我国培养了卫生监督人才，协助卫生部制定了许多卫生标准，提供了许多苏联有关卫生监督方面的材料。[6]

在向苏联学习的同时，中国结合国情，开始探索建立自己的卫生

---

〔1〕参见中国科学院编：《学习苏联先进科学：中国科学院访苏代表团报告汇刊》，中国科学院，1954 年。

〔2〕参见沈其震教授纪念文集编辑委员会编：《沈其震教授纪念文集》，北京医科大学中国协和医科大学联合出版社 1993 年版，第 7 页。

〔3〕参见中华人民共和国卫生部办公厅：《苏联专家波尔德列夫建议和报告汇集》，1956 年 8 月，第 1—5 页。

〔4〕参见中华人民共和国卫生部办公厅：《苏联专家波尔德列夫建议和报告汇集》，1956 年 8 月，第 101—109 页。

〔5〕参见陈海峰编著：《陈海峰影文集》，《中国医学理论与实践》编辑部，2002 年，第 316 页。

〔6〕参见山东省卫生防疫站编印：《卫生监督与环境卫生 1 号》，1957 年 11 月。

监督体制。1954 年，卫生部又成立了国家卫生监督室，并开办了卫生监督训练班。同年 10 月，卫生部颁布了《关于卫生防疫站暂行办法和各级卫生防疫站人员编制规定》，规定了卫生防疫站的任务是预防性、经常性卫生监督和传染病管理，明确要求各级卫生防疫站的第一条职责就是"逐步地、有重点地对新建、改建的城市建设、水利工程、交通工程、公用事业、疗养区、住宅及各种公共建筑等，在地址选择、设计、施工及验收时，是否遵守卫生标准及法规，进行预防性卫生监督"[1]。卫生防疫站的工作内容拓展到环境卫生、放射卫生、工业卫生、劳动卫生等卫生监督领域。以卫生防疫站为骨干的卫生监督体制和防疫专业工作体制，在全国范围内开始组建。

国家卫生监督的技术和法规体系开始建立。1955 年 5 月，卫生部在北京、天津等 12 个城市试行《自来水水质暂行标准（修正稿）》。1956 年 10 月，经修订与补充，国家建设委员会和卫生部颁发《饮用水水质标准》。除由卫生部和国务院建设委员会发布《工业企业设计暂行卫生标准》外，我国还制定了《中华人民共和国卫生监督工作暂行卫生标准》《中华人民共和国卫生监督工作暂行办法及实施细则》等规则，这些规定、办法和标准为开展预防性卫生监督提供了依据。[2]

随着国家工业的迅速开展，对工业污染的治理日益受到党和国家的重视。1956 年第一届全国人民代表大会第三次会议上，著名冶金学家靳树梁提案要求"明令工厂、矿山禁止把有毒废水放入河流"。陈望道等 12 名全国人大代表提案要求改变上海苏州河严重污染的情

---

〔1〕阎学贵、朱宝铎主编：《预防性卫生监督指南》，中国医药科技出版社 1993 年版，第 16 页。

〔2〕参见陈海峰编著：《陈海峰影文集》，《中国医学理论与实践》编辑部，2002 年，第 316 页。

况。[1]1957 年 6 月 14 日，国务院三办、四办联合发出《关于注意处理工矿企业排出有毒废水、废气问题的通知》指出，为了正确及时处理国家工业生产与人民利益之间的矛盾，防止长期妨碍居民的健康和生活，各有关部门应引起注意，并认真对所属厂矿排出有毒废水、有害废气所含毒质及其危害程度进行一次检查，并对有毒废水废气的处理办法，求得适当解决。[2]

1956 年 8 月，城市建设部和卫生部联合颁布《关于城市规划和城市建设中有关卫生监督工作的联合指示》，要求城市规划和城市建设必须坚持"全面规划，加强领导"的总方针和卫生工作"预防为主"的原则，城市规划方案应于同级卫生部门取得书面协议文件，并同时报送上一级卫生部门审议。[3]这份文件明确了卫生部门在城市规划领域开展预防性卫生监督的权力。以卫生部为主管单位、以卫生防疫站为主要实施部门管理工矿企业污染和城市规划预防性卫生监督的体制就此初步建立起来。

第二节　毛泽东资源综合利用思想的形成

新中国成立后，中国共产党带领中国人民开始了急速工业化的进程。中国逐步开始面对工业化过程中的经济社会发展与自然环境关系问题。毛泽东在这一过程中提出了综合利用思想，进而成为国家政策并逐步成为中国政府长期坚持的环境保护原则。本文尝试通过文献，

[1] 参见第一届全国人民代表大会第三次会议秘书处编印：《中华人民共和国第一届全国人民代表大会第三次会议提案》，1956 年 6 月，第 210—212 页。
[2] 参见中华人民共和国卫生部卫生防疫司：《卫生监督工作参考资料汇编》第二集"环境卫生"部分，1957 年 12 月，第 22—23 页。
[3] 参见中华人民共和国卫生部卫生防疫司：《卫生监督工作参考资料汇编》第二集"环境卫生"部分，1957 年 12 月，第 24—26 页。

梳理毛泽东综合利用思想的形成与发展过程，并辩证地分析其价值与当代意义。

一、新中国成立初期以水资源为中心的综合利用

综合利用思想在中国历史上源远流长，早在明代中叶，中国珠江流域就出现了现代"桑基鱼塘"的早期雏形，成为中国古代文明综合利用的典范。[1]新中国成立后，中国共产党在领导中国人民恢复生产和建设国家的过程中也继承了中国传统的综合利用思想，并结合当时的实际情况开展了一系列实践。

新中国成立初期，面对中国这样一个人口众多的农业大国的具体情况，中国共产党集中进行了水资源和水利工程建设的综合利用。新中国成立伊始，中国面临严峻的水旱灾害。据内务部统计：1949年全国因水旱灾害受灾面积约12780万亩，受灾人口约4550万人，倒塌房屋234万余间，减产粮食114亿斤，灾情分布在16省、区，498个县、市的部分地区。[2]新生的人民政权面对水旱灾害的威胁，开始了以水资源为中心的综合利用。在"蓄泄并重"的方针下，1951年，平原省（1952年被撤销）人民用3个月的时间在黄河上修建了石头庄溢洪堰工程，建立了泄洪区以"小淹防止大淹"，保证了黄河大堤安全。[3]

---

[1] 参见〔明〕李诩：《戒庵老人漫笔》，中华书局1982年版，第153—154页。

[2] 参见中华人民共和国内务部农村福利司编：《建国以来灾情和救灾工作史料》，法律出版社1958年版，第1页。

[3] 参见王化云：《黄河溢洪堰工程总结》，《新黄河》1951年第11期；王化云：《建国初期治黄工作回忆》，《黄河史志资料》1986年第4期；王化云：《我的治河实践》，河南科学技术出版社1989年版，第91—92页；陈云：《关于黄河防御工程问题给周恩来的信》（1951年4月11日），载中央文献研究室编：《陈云文集》第2卷，中央文献出版社2005年版，第239—240页。

毛泽东非常重视水利建设。1952 年，毛泽东在新中国成立后第一次出京巡视就来到了黄河。[1] 1952 年 10 月 30 日上午，毛泽东乘专列前往黄河大堤。时任水利部黄河水利委员会主任王化云汇报制定修建三门峡水库的规划。毛泽东说，这个大水库修起来，能防洪，能发电，还能灌溉大量农田，你们的规划是可以研究的。[2] 此时，毛泽东更关注的是水利工程的综合利用问题。

1954 年，黄河规划委员会在苏联的帮助下制定了中国历史上第一个跨越多省的流域规划——《黄河综合利用规划技术经济报告》。1955 年，李富春在《关于发展国民经济的第一个五年计划的报告》中提出："根据黄河的综合利用的规划方案，在黄河中下游及其主要支流将修建水坝几十座，在三门峡等五处将建设足以调节流量的巨大水库，并建设巨大的水力发电站。"[3]

第一个五年计划则进一步发展并明确了对水资源的综合利用，提出："水力电站能够节约燃料，供给巨量而廉价的电力，同时有的水力电站的建设能够实现水力资源在发电、防洪、灌溉、航运等方面的综合利用。五年内对黄河的水力资源，将完成综合利用的总体规划，配合黄河治本第一期工程，开始三门峡的巨大水力电站的建设。"并进一步提出："根据已有的资源条件，按照综合利用的原则，计划建设一万千瓦以上的水力电站七个和小型水力电站八个。"[4]

---

[1] 参见王化云：《我的治河实践》，河南科学技术出版社 1989 年版，第 144 页。

[2] 中共中央党史和文献研究院编：《毛泽东年谱》第 4 卷，中央文献出版社 2023 年版，第 621 页。

[3] 中央文献研究室编：《建国以来重要文献选编》第 6 册，中央文献出版社 1993 年版，第 295—296 页。

[4] 中央文献研究室编：《建国以来重要文献选编》第 6 册，中央文献出版社 1993 年版，第 441 页。

从国民经济恢复转向社会主义建设时期，由于中国是一个农业大国，毛泽东和中国共产党人更多地将精力集中于对农业至关重要的水资源和水利设施的综合利用。

二、毛泽东与"煤的综合利用"的提出

随着中国共产党领导的中国工业化进程加速，工业化对资源的要求日益迫切和中国工业化资源有限的矛盾日益突出。在这样的条件下，毛泽东和中国共产党人综合利用的对象逐渐从农业部门转向工业部门，从对水资源和水利设施的综合利用转向对工业原料的综合利用。

1956 年，在党的八大的会议讨论中，多位省部级领导干部反映，工业原料缺乏难以适应工业化的快速发展，而且存在利用不充分的现象。其中最突出的就是煤炭资源的开采无法满足中国工业化增长的需要。时任煤炭工业部部长陈郁反映，1957 年全国煤炭的产量只能达到 1 亿 2000 万吨左右。而全国煤炭的需要量 1 亿 3000 万吨左右，这就形成了煤炭供不应求的局面。由于"一五"计划投产的新矿的生产能力在 1962 年才能达到设计能力的 85%，因此作为工业原料的煤炭供不应求的局面将长期存在。[1]由此可见，在新中国刚刚开启工业化进程时，工业资源的有效供给问题切切实实地摆在了中国共产党面前。

1958 年 1 月，南宁会议上，在《工作方法六十条（草案）》中，毛泽东在"县以上各级党委要抓社会主义工业工作"中特别提出"资源综合利用"问题。[2]此时，毛泽东已经将过去专注于水资源和水利设

---

〔1〕参见中共中央办公厅编：《中国共产党第八次全国代表大会文献》，人民出版社 1957 年版，第 767 页。

〔2〕参见中央文献研究室编：《毛泽东文集》第 7 卷，人民出版社 2004 年版，第 344—345 页。

施的综合利用拓展为资源的综合利用，其意义和范围明显扩大。

1958年2月13日，毛泽东视察有"煤都"之称的抚顺市，考察了当时亚洲最大的露天煤矿——西露天矿。在视察结束后，毛泽东指出："煤的综合利用很重要，你们要好好抓一抓。"离开沈阳在机场告别时，毛泽东又强调："要把综合利用好好抓一下。"[1]

毛泽东关于煤炭综合利用的号召调动了全国人民的积极性，极大地推动了工业原料综合利用的技术革新，成为当时技术革命和技术革新的重要内容。各地通过技术革命和技术革新提高了工业原料综合利用率，节约了资源，提高了效率。据国家统计局统计，"1959年全国从生产页岩油中回收硫铵9万多吨，占应回收量的52%；1959年从机械化炼焦回收硫铵10万吨，占应回收量的64%"[2]。1960年3月，国家经委在关于"技术革新和技术革命群众运动情况"的汇报中指出："山东省在煤炭综合利用方面取得了很大的成绩，陶瓷、玻璃、耐火材料、砖瓦等烧制实行了煤气化，节约煤炭30%。福建省在木材的综合利用上，今年计划生产纤维板10万吨，胶合板20万立方米，刨花板4万立方米，相当于增产原木115万立方米。四川省在综合利用天然气方面也已制定了规划。"[3]上海市报告称，通过原材料节约代用和综合利用，1960年1、2月比上年第四季度实际耗用量相比，节约用煤27万

---

[1] 抚顺市社科院、抚顺市档案局编：《党和国家领导人视察抚顺纪要》，抚顺市社会科学院出版社1999年版，第84页。

[2] 中国社会科学院、中央档案馆编：《中华人民共和国经济档案资料选编（1958—1965）·工业卷》，中国财政经济出版社2011年版，第539页。

[3] 中国社会科学院、中央档案馆编：《中华人民共和国经济档案资料选编（1958—1965）·工业卷》，中国财政经济出版社2011年版，第404页。

多吨，节约用电 2500 多万度，节约木材 1 万多立方米。[1]

而且，毛泽东提出煤炭综合利用的号召后，以煤炭为代表的工业原料的综合利用进入国家相关计划。1958 年 3 月 18 日，国家技术委员会党组在《工业交通技术十年发展规划纲要（草案）》提出："实行煤炭综合利用政策……在主要煤炭基地和交通沿线建立煤的加工厂（低温干馏厂），生产煤气、焦油和焦炭（半焦），并根据需要分别建立大、中、小型的冶金—化工、炼油—化工、炼油—电站—化工等联合企业或综合企业；有条件的大中城市，普遍建立煤气—化工联合企业。有条件的省（自治区）、市均须制定本地区煤炭综合利用的规划方案。"[2]

面对急速工业化引起的资源供应不足这一矛盾，中国共产党人并没有退缩回避，毛泽东在继承传统的基础上创造性地提出了煤的综合利用问题并成为国家政策，促进了中国资源保护和利用事业的发展。

三、毛泽东综合利用的"麻将说"

由于技术条件的限制和认识水平的局限，在中国人民急速工业化的过程中，环境污染迅速增加，这一趋势引起了党中央和毛泽东的重视。毛泽东针对工业带来的环境污染，提出了综合利用的"麻将说"。

1959 年 11 月，第八次全国计划会议就讨论了工业污染与综合利用的问题。会议指出："沈阳 1959 年全市用煤 600 多万吨，在工业区每 1 平方公里内每年落下的烟尘约有 900 吨之多，落在居民区的约有

---

[1] 参见中央文献研究室编：《建国以来重要文献选编》第 13 册，中央文献出版社 1996 年版，第 223 页。

[2] 中国社会科学院、中央档案馆编：《中华人民共和国经济档案资料选编（1958—1965）·综合卷》，中国财政经济出版社 2011 年版，第 198—199 页。

400 吨，为害很大。"因此，会议认为："城市煤气不仅是煤炭综合利用的经济价值问题，而且也是关系到广大居民的健康问题。"[1]这表明，随着工业化进程的加速，环境污染问题已经摆在了政府面前，政府也已经认识到综合利用与居民身体健康等环境保护问题的关联关系。

环境污染问题也引起了党中央的高度关注。1960 年 3 月 9 日，建筑工程部党组向中共中央报送了《关于工业废水危害情况和加强处理利用的报告》，反映工业废水危害情况并制定了一些整改建议。《报告》中说，随着工业生产和建设的飞跃发展，工业废水的水量也愈多，水质也愈复杂，而且多数工业废水都含有毒性[2]，工业废水肆意排放破坏环境、影响生产、损害人民健康。这一情况引起了党中央的高度重视。3 月 19 日，中共中央批转了建筑工程部党组的这个报告，并批示指出："工业废水的处理利用是一件很重要的事情。处理利用得不好，就会污染地面水体和地下水源，严重地影响人民健康和鱼类繁殖；处理利用得好，则不但可以免除废水危害，而且可以回收石油、酚、氰化物、碱等工业原料，价值很大。过去，由于各方面的原因，对这一极为重要的工作重视不够，这是一个缺点，从现在起，必须加强注意，加强领导。一方面，凡是现在已经存在这个问题的城市，都应当在当地党委的领导下，组织各方面的力量，密切协作，采取土洋并举的办法，积极进行工业废水的处理利用。另一方面，今后新建企业，都应当把废水处理利用作为生产工艺的一个组成部分，在设计和建设中加以保

---

〔1〕中国社会科学院、中央档案馆编：《中华人民共和国经济档案资料选编（1958—1965）·固定资产投资与建筑业卷》，中国财政经济出版社 2011 年版，第 664 页。

〔2〕参见中央文献研究室编：《建国以来重要文献选编》第 13 册，中央文献出版社 1996 年版，第 103 页。

证。特别是一些大企业，更必须重视这件工作。"[1]

与此同时，地方的综合利用实践丰富了综合利用的内涵，推动了综合利用内容从工业原料综合利用向工业原料和废料综合利用并重发展。

上海市是近代以来中国的工业中心，其综合利用实践处于全国领先地位，也较早地将综合利用的内容从单一工业原料转化为工业原料和工业废料综合利用并重。上海市报告："中华油脂厂革新技术，不仅从氧化石蜡废气中消除了从烟囱中散发出的对人身和金属结构有害的气体，保护了工人和周围居民的健康，而且回收了甲酸、乙酸等重要化工原料二十二种，为国家节约了大量外汇。上海是一个沿海的综合性工业城市，离原料产地远，但本身可供利用的资源种类繁多、数量很大，在技术革新、技术革命运动中采用、创造和推广节约原材料、综合利用原材料的先进经验，使物尽其用，变无用为有用、小用为大用、一用为多用，对上海工业生产的发展，有着十分重要的意义。"[2]

在工业化带来的环境挑战背景下和地方积极实践的基础上，毛泽东提出了综合利用的"麻将说"。1960 年 4 月 13 日，毛泽东在同李富春、李先念等的谈话中指出，各部门都要搞多种经营、综合利用，要充分利用各种废物，如废水、废液、废气，实际都不废，好像打麻将，上家不要，下家就要。[3]这就是综合利用的"麻将说"。

---

[1] 中央文献研究室编：《中共中央文件选集》第 33 册，中央文献出版社 2013 年版，第 347—348 页。

[2] 《中共中央批转上海市委〈关于工业战线技术革新、技术革命运动的情况报告〉》（1960 年 4 月 10 日），载中央文献研究室编：《建国以来重要文献选编》第 13 册，中央文献出版社 1996 年版，第 223—224 页。

[3] 参见中共中央党史和文献研究院编：《毛泽东年谱》第 7 卷，中央文献出版社 2023 年版，第 373 页。

毛泽东用浅显易懂的话说明了综合利用工业废料的道理，其核心就是通过综合利用充分消化各种工业废物，发掘其隐藏的价值，减少环境污染，造福群众，促进经济发展。在中国急速工业化过程引起环境恶化的初始阶段，毛泽东就提出了关于工业废料的综合利用问题。毛泽东的综合利用思想反映了中国急速工业化的现实需要，具有强大的生命力，很快成为国家政策的一部分，并成为中国共产党和政府长期坚持的一个环保原则。

1960 年 4 月 24 日，省、市、区党委工业书记会议形成的会议纪要《关于当前工业交通战线上的十个问题》，专门在第三个问题论述综合利用问题。全体与会的省、市、区党委工业书记和 31 个省属市的工业书记以及国务院工业交通部门的党组负责同志一致认为："大搞多种经营和资源的综合利用，它不仅是增产节约原料、材料的一个重要途径，而且是高速度发展我国工业的一个主要方法。我们反对那种孤立地各搞各的形而上学的错误办法，提倡一个企业以一业为主、多种经营（托拉斯）兼顾的办法。在需要和可能的条件下，煤、铁、机械、建材……等都可以在一个企业的组织下进行生产。在资源综合利用方面，目前，要特别抓紧煤炭、矿石、木材、石油、炉渣、农副产品的综合利用。在大搞综合利用的同时，有条件的企业都应当向多种经营发展。目前最主要的是力争做到厂内无'废物'，变'无用之物'为有用之物，变一物一用为多用，变'有害之物'为有利之物。每个企业都要向这个方向努力，作到物尽其用。这是高速度发展我国工业的一个极其重要的途径。各地区、各部门、各企业都应当根据具体条件提出多种经营和综合利用的具体规划，以及实现规划的具体措施。现在还没有进行综合利用的企业，一九六〇年都要开展这一工作；综合利用已有一定基础的企业，一九六〇年综合利用的产值要比一九五九年

增加百分之十到五十，或者更多一些。"[1]4 月 29 日，中共中央批准这
个会议纪要，并转发给上海局，各协作区委员会，各省、市、区党委，
中央级各部委、各党组，要求"即遵照办理"。

在这一政策的鼓励下，中国资源回收利用事业逐渐起步发展。到
1965 年，全国机械化炼焦炉基本上都安装了副产品回收装置。当时，
全国共有机械化炼焦炉 65 座，当年预计可回收纯苯 11.3 万吨、甲苯 2
万吨、精萘 2.1 万吨。1965 年，全国的高炉渣，已有 95% 用于生产矿
渣水泥和矿渣棉。当年预计可生产矿渣水泥 378 万吨。[2]

在中国急速工业化的初始阶段，面对工业污染带来的环境破坏，
从人民健康和国家经济发展角度考虑，毛泽东提出了综合利用工业废
料的原则，希望在经济发展的同时保护环境和人民健康。

第三节　综合利用思想的初步实践

毛泽东的综合利用思想来源于中国急速工业化的实践，因此具有
强大的生命力，同时受到历史条件的限制，在实践中贯彻得不彻底，
有较大的历史局限性。

一方面，毛泽东的综合利用思想继承了中国古代的综合利用思想，
来源于新中国工业化的实践，反映了实践的需要，因此具有强大的生
命力，并影响到当代的中国政府的环境政策。

---

[1]《关于当前工业交通战线上的十个问题——省、市、区党委工业书记会议纪要》
（1960 年 4 月 24 日），载中央文献研究室编：《建国以来重要文献选编》第 13 册，中央
文献出版社 1996 年版，第 363—364 页。

[2] 参见中国社会科学院、中央档案馆编：《中华人民共和国经济档案资料选编（1958—
1965）·固定资产投资与建筑业卷》，中国财政经济出版社 2011 年版，第 450 页。

虽然我国的社会主义建设经历了三年困难时期和艰苦的调整时期，但是毛泽东提出的综合利用原则并没有动摇和变化。1962 年，虽然国家经济形势紧张，但是国家计委仍安排了综合利用项目投资，其中北京市 363 万元，冶金部 184 万元，黑龙江省 47 万元，江苏省 1.5 万元。[1]1963 年，全国计划会议就强调要增加综合利用等方面的投资。[2]到 1965 年，编制国民经济预算时，城市废气、废水、废料综合利用国家计划投资预算达 5 亿元，相当于首都建设经费，是城市建设经费的 1/4。[3]中国政府对综合利用的重视程度可见一斑。

即使在"文革"时期，中国共产党和政府仍然坚持综合利用工业废料减少环境污染的原则。1973 年 8 月召开的第一次全国环境保护会议，将环境保护工作提到国家的议事日程，确定了"全面规划，合理布局，综合利用，化害为利，依靠群众，大家动手，保护环境，造福人民"的环境保护工作方针。[4]1977 年，国务院下发了《关于治理工业"三废"开展综合利用的几项规定》，提出要保护和合理利用国家自然资源，要求凡是企业能通过"三废"综合利用生产的产品，要优先发展；综合利用所需资金在各部门、各地基本建设计划中安排解决；还进一步提出利用小型技措贷款鼓励中小企业进行"三废"综合利用的

〔1〕参见中国社会科学院、中央档案馆编：《中华人民共和国经济档案资料选编（1958—1965）·固定资产投资与建筑业卷》，中国财政经济出版社 2011 年版，第 446 页。

〔2〕参见中国社会科学院、中央档案馆编：《中华人民共和国经济档案资料选编（1958—1965）·固定资产投资与建筑业卷》，中国财政经济出版社 2011 年版，第 765 页。

〔3〕参见《中共中央关于印发第三个五年计划的三个文件的通知》（1964 年 5 月 2 日），载中央文献研究室编：《建国以来重要文献选编》第 18 册，中央文献出版社 1996 年版，第 460、513—514 页。

〔4〕参见李鹏：《实施可持续发展战略，确保环境保护目标实现》（1996 年 7 月 15 日），载国家环境保护总局、中共中央文献研究室编：《新时期环境保护重要文献选编》，中央文献出版社、中国环境科学出版社 2001 年版，第 369 页。

政策。

毛泽东的综合利用思想是在中国共产党带领中国人民开始急速工业化的过程中逐步形成的，反映了中国工业化的阶段性特征，也符合实践的需要，因而具有强大的生命力，并影响到当今中国共产党和政府的环境理念和环境政策，成为习近平生态文明思想的一个重要组成部分和思想渊源。

另一方面，毛泽东的综合利用思想是历史发展的产物，也受到历史的局限。毛泽东的综合利用思想在现实中的贯彻并不彻底。毛泽东本人就曾经严厉地批评道："综合利用大有文章可做，就是不做。"[1]

究其原因，综合利用不充分有内外两个方面的客观限制。

从内因分析，中国当时处于工业化起步阶段，即使从洋务运动算起，也不过 100 年的时间，缺乏彻底贯彻毛泽东综合利用思想的工业基础、技术准备和人员储备。1965 年 11 月 15 日，国家计委关于资源综合利用问题汇报指出：由于有些技术问题没有解决，共生有色金属 70% 的资源随着尾矿、废渣丢失了；铁矿中伴生的铜、钴、钛、钒等，除只能回收一部分铜外，其余也都没有回收；云南锡矿中有 17 种金属共生，除锡以外，仅能回收铜、钴、铟 3 种。由于掌握石油化工的技术比较迟，1965 年石油炼厂气资源约有 45 万吨，利用的只有 3 万吨，不到 7%，其余都作了普通燃料。[2]

从外因分析，冷战时期的国际环境使得中国从外部世界获得综合利用的经验和技术的道路更加困难。1964 年外贸部办公厅汇报道："过

---

[1] 中共中央党史研究室、中央档案馆编：《中共党史资料》第 73 辑，中共党史出版社 2000 年版，第 85 页。

[2] 参见中国社会科学院、中央档案馆编：《中华人民共和国经济档案资料选编（1958—1965）·固定资产投资与建筑业卷》，中国财政经济出版社 2011 年版，第 450 页。

去一年多来在对外订购成套设备和新技术的过程中，我们同美帝国主义和蒋介石匪帮的破坏以及垄断资本家的苛刻条件进行了尖锐复杂的斗争。例如，在我同日本厂商洽谈签订第一套维尼龙成套设备合同时，美帝国主义向日本政府施加压力，不准日方对我采取延期付款的条件，蒋匪帮还以断绝蒋日'外交'关系威胁日本政府，阻止日方同我签订合同；在我同日方商谈签订第二套维尼龙成套设备合同时，蒋匪帮派张群访日再次施加压力，企图迫使日本政府不批准出口。"[1]

内外因的共同作用导致毛泽东虽然很早提出了综合利用思想，但在实践中贯彻得很不充分。加之严重的自然灾害和后来的"文革"内乱，大大延迟了中国环境保护事业的发展。

综上所述，毛泽东的综合利用思想是在中国共产党带领中国人民开始急速工业化的过程中逐步形成的，反映了中国工业化的阶段性特征，也符合实践的需要，因而具有强大的生命力，并影响到当今中国共产党和政府的环境理念和环境政策，成为习近平生态文明思想的一个重要的思想渊源和组成部分。

---

[1] 中国社会科学院、中央档案馆编：《中华人民共和国经济档案资料选编（1958—1965）·对外贸易卷》，中国财政经济出版社 2011 年版，第 461 页。

第二章

全国性工业污染调查的开展

在"文化大革命"的冲击下，原有的管理制度被破坏，难以有效发挥作用。同时，由于中国面临严峻的国际形势，新的战备高潮下，以高投入、高浪费、高污染、低效率为特征的工业跃进导致工业污染问题迅速恶化。20世纪70年代初，国内接连发生一系列污染事件，其中典型的有：富春江污染事件、官厅水污染事件和大连湾污染事件。污染问题的加剧引起了党中央的高度重视。

第一节 战备高潮下污染问题的加剧

从20世纪60年代开始，中国面临着更为严峻的国际形势。1969年的珍宝岛冲突更使战争的危险近在眼前。在这样的情况下，中国进入新中国成立以来最大的一次全国性战备高潮。由于"文化大革命"的冲击，原有的综合利用措施和工业管理条例难以有效发挥作用。战备高潮和管理混乱造成工业污染短时间内迅速加剧。

在中国的南面，从60年代初期起，美国插手越南的侵略战争逐步升级，由出钱出物支持南越政权，发展到直接派出军事人员参与。1964年，美国总统曾考虑先发制人地对中国发动军事袭击，以阻止中国成为拥有核武器的国家，并就此计划试探了苏联的意见。在中国的北面，形势也越来越严峻。几年之中，苏联向邻近中国边境地区派驻的军队由 10 个师近 20 万人逐渐增加到 54 个师近百万人，战略导弹直接指向中国。在中国的西南面，1962 年印度军队大规模入侵中国被击退后，中印边境局势尚未得到缓和。在祖国大陆的东南面，盘踞台湾的蒋介石从 1961 年到 1965 年，一直在叫嚣反攻大陆，多次派出飞机、军舰和武装特务进行窜扰。

1969 年 3 月，中苏两国在珍宝岛发生边界武装流血冲突。8 月，苏联军队又出动直升机、坦克、装甲车和数百人，侵入中国新疆裕民县铁列克提地区，攻击中国边防巡逻队，制造了又一起严重武装流血事件。苏联还通过美国新闻媒介，扬言要对中国实施外科手术式的核武器打击。

在严峻的战争威胁面前，1969 年 4 月 28 日，毛泽东在中共九届一中全会上号召："要准备打仗。"为了抵御可能发生的侵略战争，全国进入了战备高潮。这是新中国成立以来最大的一次全国性战备。[1]

"三五"计划以临战的非正常姿态取代了前三年的非正常现象。经过广大干部和群众一年的努力，1969 年国民经济计划完成较好，扭转了 1967 年、1968 年连续两年倒退的趋势，经济有了较大的恢复。工农业总产值 2495.5 亿元，比上年增长 23.8%，比 1966 年增长 7.2%。其中农业总产值 642 亿元，比上年增长 1.1%，工业总产值 1853.5 亿元，比上年增长 34.3%。除粮、棉外，工农业产品产量都有较大幅度增加。当然，这些成绩带有明显的恢复性质，1969 年的经济状况仍然没有达到 1966 年的水平。钢产量、铁路货运量、粮食产量都低于 1966 年，财政收入比 1966 年还少 31.9 亿元。

---

〔1〕参见中共中央党史研究室：《中国共产党历史》第 2 卷下册，中共党史出版社 2011 年版，第 812 页。

1970 年是"三五"计划的最后一年，为了尽快扭转"文化大革命"造成的计划进度滞后状况，从年初起，经济建设掀起了一场跃进。3月29 日，《人民日报》在社论中宣布"工业生产的新高潮，正在全国蓬勃兴起"，我国工业生产和基本建设"将有一个新的增长"和"以更大的规模展开"。

"三五"计划在 1970 年的高投入下完成。然而，这一年也暴露出许多严重问题：基建规模过大，使积累率过高，由上年的 23.2% 急剧上升到 32.9%，投资总额 31.55 亿元，比上年增加 55.6%，消费与积累比例失调。建设项目上马虽多，投产率却从上年的 18.1% 下降到16.7%。原材料工业特别是钢铁工业跟不上加工工业的发展。职工人数增加较快，给国家财政支出和市场供应造成很大压力。这一时期开始的急剧下放企业和经济权力的经济管理体制大变动，也为地方盲目追求大而全、小而全的建设项目和高投入、高速度、高指标的发展模式打开了闸门。

为了备战，全国又掀起了"新跃进"，盲目追求高速度、高指标。但是，受到"文化大革命"的冲击，原来行之有效的工厂管理制度都被当作修正主义打倒了，结果导致一味靠资源、劳动力和资金的大量投入，一味求快，生产中浪费现象严重。大量工业原料由于技术和管理的不足白白变成"三废"，造成严重的环境污染。

比如，哈尔滨市自来水公司 1961—1962 年化验结果：1962 年时只有在夏季水源中能检出氨氮污染物，当时平均浓度最高为 0.005 毫克 / 升，这主要是夏季江水受到一般污染引起的。而 1966 年以后，全年皆可检出氨氮，而且其浓度是冬季高，夏季低，与此前的检出规律相反，最高月平均浓度超出 1962 年的 180 多倍，最低月平均浓度也比

1962 年高 7 倍。[1]究其原因，主要是上游的吉林化肥厂等单位在"文化大革命"开始后片面强调群众的积极性而忽视了科学性。以吉林化肥厂为例，"文革"后该厂削减工序 21 道，砍掉设备 160 多台，实行"不停水、不停气、不停氮、不停电、不停炉火"的"五不停"生产方案，表面上节约人力 240 多个，只用了原投资 1/10 的资金成倍地增加了生产能力，却带来了严重的污染。[2]

面对严峻的国际环境，在新中国成立以来最大规模的全国性战备高潮中，高投入、高浪费、高污染和低效率的发展模式初见端倪。再加上管理制度遭到"文化大革命"的冲击，环境污染问题迅速恶化。这都为 70 年代初环境污染问题的集中爆发埋下了隐患。

一、20 世纪 70 年代初环境污染问题的集中爆发

70 年代初，由于工业污染的加剧，环境污染问题在中国集中爆发，其中富春江污染事件、官厅水库污染事件和大连湾污染事件等环境污染事件产生了严重的经济、政治和环境后果，引起了党中央的高度关注。

（一）富春江污染事件

新安江流至梅城与兰江汇合成富春江，富春江和浦阳江合流成钱塘江。从新安江大坝到钱塘江大桥主流全长 350 里，流经建德、桐庐、

---

[1] 参见山东省革命委员会卫生局编印：《工业"三废"处理、防治职业中毒、矽肺防治经验资料选编》，1972 年 1 月，第 31—36 页。

[2] 参见《文化大革命带来的变化——吉林化肥厂多快好省地发展生产的调查》，《人民日报》1975 年 12 月 1 日；湖南人民出版社编：《文化大革命是发展生产的强大推动力》，湖南人民出版社 1976 年版，第 36—41 页；中共吉林省委党史研究室、吉林省档案馆编：《一九七五年的整顿·吉林卷》，2002 年，第 120 页；吉林省政协文史资料委员会编：《吉林工业奠基石》，吉林人民出版社 2010 年版，第 150—171 页。

富阳、肖（萧）山等县。

富春江是浙江省主要产鱼河流，江中生长着鲤鱼、鳜鱼、青鱼、草鱼、潮鱼、鲢鱼等几十种经济鱼类。自 1970 年 2、3 月起，在建德县白沙大桥一带偶有发现死鱼。同年 10 月新安江再次出现死鱼。群众误认为是上游水田施放农药或放炮捕鱼所致，没有引起注意。1971 年元旦以后，首先在富春江上游的建德县白沙大桥一带出现大量死鱼，随后向下游蔓延到钱塘江大桥，在这全长 350 多里的江面上均先后出现大量死鱼，直到 5 月下旬基本停止。死鱼的种类有潮鱼、鲤鱼、鳊鱼、青鱼、草鱼、花鲢、白鲢等几十种。大者一百余斤，小的鱼苗、鱼种甚至黄蚬也有死亡。据渔民估计，江里的鱼有 70% 死了，在死鱼高峰期间，一些地区的江面上，死鱼漂浮成片，沿江群众数以千计，驾舟登筏捞鱼，一天一人多者捞百余斤，少者也捞几十斤。七八十岁的老渔民说："死了这么多鱼，活了这么大年纪，是从来没见过的。"

富春江原是浙江省主要产鱼河流，通过渔业社会主义改造，当地把 1000 多户 6000 多渔民组成了 16 个渔业队，每年有计划地捕捞鲜鱼 3 万多担。由于大量死鱼，水产资源受到严重破坏，捕鱼产量下降，造成渔民生活困难。建德县三都公社一个渔业社有 44 户人家，142 个劳动力，过去一天能捕鱼三四百斤，现在只能捕到三四十斤。捕鱼减少，渔民收入降低，有的队每人每月只能发给生活费 3 元钱，造成生活困难。

1971 年 5 月 23 日至 6 月 10 日，燃化、农林、冶金、卫生各部组成联合调查小组，同浙江省有关部门一起，对工业废水污染富春江引起鱼类大量死亡的情况进行了调查，先后走访了富春江沿岸的建德、兰溪、桐庐、富阳等县以及沿江 23 个主要工厂，与不同类型的单位干部、工人、渔民座谈了 20 次。

经过调查分析，江鱼大量死亡的原因，主要是从建德县到富阳县沿江分布的化肥、农药、电镀、造纸、冶炼、皮革等33个工厂，每天有1万立方米含有磷、氟、硫、砷、酚、氯化物、氰化物等几十项有毒成分的污水，未经处理直接排入江中，特别是建德化肥厂在停车检修时期，集中将大量黄磷废水和磷泥排入江中，污染江河，造成鱼类大量死亡。

建德化肥厂位于富春江上游的建德县白沙大桥旁，年产黄磷700吨和部分磷酸。该厂自1969年投产后，废水直接排入江内，曾发生死鱼死鸭情况。1970年底，黄磷炉停车检修期间，该厂借此机会改造沉淀池。在清理沉淀池过程中，一次将积存的黄磷废水500吨左右排入江中，同时又将30多吨磷泥（含黄磷1%左右）洗刷入江，造成严重江河污染，以致从建德县白沙大桥以下依次出现大量死鱼。[1]

（二）官厅水库污染事件

官厅水库地处京冀交界，距北京西北100多公里，上游有贯穿张家口地区的洋河、流经大同的桑干河和流经北京延庆的妫水河三条主要河流。官厅水系流域面积4.7万平方公里，约占永定河流域总面积的90%。[2]

官厅水库是新中国成立初期四大水利工程之一。作为新中国第一座大型水库，具有特殊的意义。1954年4月11日，毛泽东视察官厅水库工程进度。5月13日，水利部部长傅作义在官厅水库竣工庆祝大

---

[1] 参见燃化部、冶金部、农林部、卫生部联合调查组：《关于工业废水污染富春江引起鱼类大量死亡的调查报告》，载曲格平、彭近新主编：《环境觉醒——人类环境会议和中国第一次环境保护会议》，中国环境科学出版社2010年版，第442—443页。

[2] 参见刘燕生编著：《官厅水系水源保护史志；北京市自然保护史志》，中国环境科学出版社1995年版，第1页。

会上将绣有毛泽东题词"庆祝官厅水库工程胜利完成"的锦旗授予水库建设者。[1]1957年，官厅水库开始向北京供水，库水流入永定河，是北京市工农业用水的主要水源，也是北京饮用地下水的重要补给源；城区的河道、昆明湖、什刹海、中南海等地面水也靠库水补给。1957—1985年，官厅水库共向北京市供水233亿立方米，其中用于工业生产和人民生活近143亿立方米，用于农业近90亿立方米。[2]作为首都北京重要的水源地，官厅水库具有重要的政治经济影响。

1971年，官厅水库出现死鱼现象，北京卫生防疫站、官厅水库管理处、中国科学院地理所等单位进行了初步调查，认为水库受到上游来水污染。1972年3月，怀来、大兴一带群众，因吃了官厅水库有异味的鱼，出现了恶心、呕吐等症状。经检测，"水库盛产的小白鱼、胖头鱼，体内滴滴涕含量每公斤达2毫克"[3]，超过当时苏联最高标准含量2倍。官厅水库水质受到明显污染。这一情况受到党和国家领导人的高度关注，周恩来要求派调查组调查。[4]

国家建委和北京市政府十分重视。3月17日，北京市有关部门组成了调查组，对官厅水库的污染情况进行调查。[5]调查发现，随着"文

---

〔1〕参见中央文献研究室编：《毛泽东年谱》第2卷，中央文献出版社2013年版，第232、242页。

〔2〕参见北京水利史志编辑委员会：《北京水利志稿》第1卷，第158页。

〔3〕国家计委、国家建委：《关于官厅水库水污染情况和解决意见的报告》（1972年6月8日），载湖南省黔阳地区卫生防疫站：《环境保护资料汇编》，1976年，第2页。

〔4〕参见曲格平：《回忆周恩来总理对环境保护事业的支持和关怀》，载曲格平、彭近新主编：《环境觉醒——人类环境会议和中国第一次环境保护会议》，中国环境科学出版社2010年版，第474页。

〔5〕参见《海河志》编纂委员会编：《海河志·大事记》，中国水利水电出版社1995年版，第171页；中共张家口地区委员会：《关于尽快消除官厅水库污染的报告》（1972年6月23日）。

革"对原有工业企业管理制度的冲击和 1969 年以来的"新跃进",官厅水库上游的环境迅速恶化。官厅水库也受到污染的威胁,上游的"洋河沿线的张家口市(包括宣化、下花园)区属以上工厂 256 个,其中含有害物质多,排水量大的冶金、化工、造纸、农药等工厂多半是在 1969 年后新建或扩建的,而且大部分没有回收处理措施"[1]。仅洋河沿线每天就有至少 12 万吨污水未经任何处理直接排入洋河,成为水库污染的主要来源之一。[2]张家口地区的沙城农药厂 1970 年 7 月开始生产滴滴涕,每天排出含有滴滴涕、氯苯等酸性污水 3000 多吨,超过国家标准高达 600 倍。1972 年初,该厂的副产品盐酸 240 多吨由于没有销路又无处储存,随意排入洋河,最终进入官厅水库。[3]山西大同市的合成橡胶厂每天向桑干河排放有毒废水 5426 吨。[4]

调查还显示,由于 1971 年水库来水减少,导致"上游入库的有害废水得不到很好的稀释,造成了污染相对加剧"[5]。如果不采取措施,按当时条件,1972 年下半年水库滴滴涕的浓度将可能上升到 0.95 微克／升,含酚量将上升到 0.018 毫克／升,其他毒物也自然相应增加,后

---

〔1〕官厅水库污染情况调查组:《关于官厅水库目前污染情况的调查》(1972 年 4 月 29 日)。

〔2〕参见官厅水库污染情况调查组:《关于官厅水库目前污染情况的调查》(1972 年 4 月 29 日)。

〔3〕参见官厅水库水源保护领导小组:《一年来官厅水库水源保护工作情况汇报》(1973 年 7 月)。

〔4〕参见官厅水库水源保护领导小组:《关于桑干河水系污染情况的调查报告》(1972 年 8 月 28 日),载湖南省黔阳地区卫生防疫站:《环境保护资料汇编》,1976 年,第 20 页。

〔5〕官厅水库污染情况调查组:《关于官厅水库目前污染情况的调查》(1972 年 4 月 29 日)。

果严重。[1]

（三）大连湾污染事件

1972 年 8 月，大连湾发生 20—30 平方公里赤潮，造成大量鱼、虾、贝类、藻类死亡事件，引起国内相关部门高度关注[2]，迅速展开了调查。

渤海是我国最大的内海，沿岸工业城市多，不少厂矿企业的废水未作处理，任意排放。据 1973 年上半年调查，辽宁、河北、山东、天津每天有 600 多万吨废水排入渤海，加上海底油田的开采，港口油轮装、卸、洗的污水，使渤海受到严重污染。[3]

据 1973 年上半年调查，旅大市每天工业和生活污水约为 74 万吨，几乎全部排入大连湾内。污水中含有硝基物、酚、苯、砷、汞、铅、铬等 50 多种有害物质。每天排入海中的氯化钙就达 1 万多吨，硫酸 36 吨，油近 10 吨，砷（砒霜）9 吨，酚 1 吨。大连化工厂每天排放含砷污水 1.1 万吨，浓度超过国家规定标准上万倍。仅此一家，每天就有约 5 吨砷排入大连湾内。石油七厂每天排污量为 15 万吨，含油浓度超过标准 5000 倍。海港油船压舱水每年约 355 万吨，约有 3500 吨原油排入海内。煤气一厂排出的废水含酚量超过标准 4 万倍。煤气二厂排

---

〔1〕参见官厅水库污染情况调查组：《关于官厅水库目前污染情况的调查》（1972 年 4 月 29 日）。

〔2〕参见李波、孟庆楠编著：《中国气象灾害大典·辽宁卷》，气象出版社 2005 年版，第 281 页。

〔3〕参见会议秘书处：《简报增刊第 1 期：我国部分水域污染严重》（1973 年 8 月 6 日），载曲格平、彭近新主编：《环境觉醒——人类环境会议和中国第一次环境保护会议》，中国环境科学出版社 2010 年版，第 315 页。

出的废水含酚量超过标准 20 万倍。[1]

由于大连湾海域遭受污染，水质状况逐年恶化，海水混浊，海面上常见成片浮油。每升海水最高含油量为 11.2 毫克，超过标准 110 倍。海水含砷量为每升 0.03—0.04 毫克，最高达 0.69 毫克，超过标准 23 倍。[2]

严重的污染导致大连湾水色混浊，沿岸都有黑色黏液态原油，出现了涨潮一片黑水，退潮一片黑滩的景象，严重破坏了渔业生产。

因为海水水质恶化，严重影响了鱼、贝类和海藻类繁殖生长，不少品种产量逐年下降，甚至绝迹。据调查，鲐鱼、针鱼、黄鱼、鳝鱼、黑鱼等大量鱼类已死亡。海蜇自 1960 年以来已绝迹。[3] 鱼的产量日益减少，渔场不断向深海迁移。过去天津塘沽每年捕获对虾 609 吨，1971 年只能捕到 9 吨。锦州湾 1960 年可捕黄花鱼 6500 吨，现在只有 1 吨多；对虾由 920 吨降到 10 吨。胶州湾过去盛产海蜇、加吉鱼、虾皮，现在已基本绝迹。[4]

渤海的沿海养殖也受到严重污染，例如青岛沙岭庄、沧口等养殖

[1] 参见国家计划委员会环境保护办公室：《情况反映·第 1 期·大连湾污染严重》，载曲格平、彭近新主编：《环境觉醒——人类环境会议和中国第一次环境保护会议》，中国环境科学出版社 2010 年版，第 326 页。

[2] 参见国家计划委员会环境保护办公室：《情况反映·第 1 期·大连湾污染严重》，载曲格平、彭近新主编：《环境觉醒——人类环境会议和中国第一次环境保护会议》，中国环境科学出版社 2010 年版，第 326 页。

[3] 参见国家计划委员会环境保护办公室：《情况反映·第 1 期·大连湾污染严重》，载曲格平、彭近新主编：《环境觉醒——人类环境会议和中国第一次环境保护会议》，中国环境科学出版社 2010 年版，第 326 页。

[4] 参见会议秘书处：《简报增刊第 1 期：我国部分水域污染严重》（1973 年 8 月 6 日），载曲格平、彭近新主编：《环境觉醒——人类环境会议和中国第一次环境保护会议》，中国环境科学出版社 2010 年版，第 315 页。

场，原有养殖水面 1.3 万多亩，现已荒废一半以上。大连湾海茂岛因受污染，蚬子每年损失 300 多万斤，荒废的贝类滩涂 5000 余亩。大连湾沿海原是辽宁省海参、干贝的主要产区，现在大连山前以西海区都不能采集海参、干贝。大连湾山前两侧原有 7 处捕捞干贝、海参场，现已荒废 6 处，每年损失海参 2 万余斤（干品），贝类 20 多万斤。大连染料厂附近的浅海滩，过去是很好的养殖场，盛产海鲜。现在因污染过重，蚬子发苦，蛎子发涩，不能食用。经化验分析，每公斤贝类一般含砷量为 10 毫克以上，最高 41.2 毫克。海带"湿品"每公斤含砷 1234.2 毫克。养殖场已处停产状态，原有 700 余名工人，现已大部"转业"，只剩下 28 人看管财物。[1]

同时，旅大市每天排放废渣 9000 多吨，大部分排入海湾内，淤塞了港口。大连化工厂排放到海湾的氯化钙每年有 40 多万吨，沉积海底，形成一层硬壳。大连港水深由原来的 12 米淤浅到 11 米以下，使万吨轮的进出受到了影响，给海港的疏竣工作增加了极大的负担。大连染料厂所排的废水腐蚀了大连港长达 2 公里的拦海大坝，虽经几次抢修，1972 年仍有 30 余处的大面积倒塌。废水排放口周围已有 270 多平方米下陷。因为污水腐蚀，近几年还曾先后发生海港专用铁路线、电车轨道下陷的事故。[2]

当地一个主要污染源是大连化工厂。大连化工厂是建于 1935 年的大连化工厂和建于 1933 年的大连碱厂合并而成，是一家老企业，设备陈旧，生产工艺落后，工业污水未经处理，经 6 个排污口直接排入大连湾

---

〔1〕参见国家计划委员会环境保护办公室：《情况反映·第 1 期·大连湾污染严重》，载曲格平、彭近新主编：《环境觉醒——人类环境会议和中国第一次环境保护会议》，中国环境科学出版社 2010 年版，第 326—327 页。

〔2〕参见国家计划委员会环境保护办公室：《情况反映·第 1 期·大连湾污染严重》，载曲格平、彭近新主编：《环境觉醒——人类环境会议和中国第一次环境保护会议》，中国环境科学出版社 2010 年版，第 326—327 页。

臭水套一带水域，主要污染物为砷。[1]每年随污水排入大连港湾的砒霜有1400多吨、酚130多吨，破坏了大连湾的水产资源，每年减产蚌子300余万斤、干贝2万余斤，海参几乎绝产。该厂每年还向海湾排放硫铁矿、烧碱、氯化钙等废渣38万多吨，淤塞了港口，影响万吨轮的航行。[2]渔民说："以前围着沙尖转，鱼获千万担，现在兴了化工，害了水产。"[3]

20世纪70年代初一系列环境污染事件不仅造成了巨大的经济、政治和环境损失，而且破坏了工业与农业的关系，对工农联盟造成严重影响，特别是对渔民和农民的生计和身体健康影响严重。这些环境污染事件引起了党中央的高度重视。

二、"三废"治理问题提上议事日程

"文化大革命"开始后，环境污染和生态破坏的趋势进一步加剧。一方面，由于在经济建设中强调数量而忽视质量，尤其是各地"五小"工业的发展，在取得一定的经济效益的同时，也导致了资源浪费和环境污染。一些城市由于执行了变消费型城市为生产型城市的方针，加剧了业已存在的工业污染。另一方面，为了解决"吃饭"问题，进一步强调"以粮为纲"，甚至在一些不宜种粮的地区也开始要求开荒种粮，毁林毁草现象愈益严重，围湖围海造田等问题突出，引发了严重

---

〔1〕参见大连市环境科学研究所：《大连湾环境污染及综合防治的研究（1972—1980）》，大连市环境保护监测站，1982年，第9页。

〔2〕参见会议秘书处：《简报第二期：综合利用是发展生产消除污染的有效途径》（1973年8月6日），载曲格平、彭近新主编：《环境觉醒——人类环境会议和中国第一次环境保护会议》，中国环境科学出版社2010年版，第276页。

〔3〕会议秘书处：《简报增刊第1期：我国部分水域污染严重》（1973年8月6日），载曲格平、彭近新主编：《环境觉醒——人类环境会议和中国第一次环境保护会议》，中国环境科学出版社2010年版，第315页。

的水土流失，生态环境更加恶化。

对于大多数人来说，"环境保护"这个词还很陌生，更不了解这方面的情况，都觉得中国的环境问题不大，不必太着急。同时，由于极左思潮的影响，不承认社会主义制度下有环境污染，认为那都是资本主义社会的产物，是资本主义国家的不治之症。还有一些人根据环境污染会危害人体健康的常识，认为环境问题属于卫生问题，降低了环境污染对经济社会危害的严重性。周恩来敏锐地意识到，在中国的工业化过程中也将面临环境公害问题。这个问题不能再等了，从现在起就应该抓紧进行这方面的工作。1970年6月26日，周恩来在接见卫生部军管会时讲："卫生系统要关心人民健康，特别是对水、空气，这两种容易污染。""毛主席讲预防为主，要包括空气和水。要综合利用，把废气、废水都回收利用，资本主义国家不搞，我们社会主义国家要搞"，而且"必须解决"。12月26日，周恩来再次谈到世界上几个发达国家的工业污染问题，提醒大家一定要注意解决。他说："我们不要做超级大国，不能不顾一切，要为后代着想，工业公害是一个新的问题。工业化一搞起来，这个问题就大了。"[1]周恩来了解到日本浅沼夫人的女婿是专门从事公害问题报道的记者后，特意约他作了长时间谈话，详细了解日本的公害情况及解决措施，并请他作一次环境保护报告，要求有关科技人员、国家机关和部委负责人也都听，进行分组讨论，把讨论情况向他汇报。周恩来批示，要把国家计委写的汇报发给出席全国计划会议的所有人员。1971年2月15日，周恩来接见参加全国计划会议的各个军区和各省、市、自治区负责人时再次指出："现在公害已成为世界的大问题。废水、废气、废渣对美国危害很大……

---

[1] 顾明：《周总理是我国环保事业的奠基人》，载李琦主编：《在周恩来身边的日子——西花厅工作人员的回忆》，中央文献出版社1998年版，第332页。

我们要除三害，非搞综合利用不可！我们要积极除害，变'三害'为'三利'。以后搞炼油厂要把废气统统利用起来，煤也一样，各种矿石都要搞综合利用。这就需要动脑筋，要请教工人，发动群众讨论，要一个工厂一个工厂落实解决，每个项目，每个问题，要先抓三分之一，抓出样板，大家来学。"[1]4月5日，他在接见全国交通工作会议代表时指出，在经济建设中的废水、废气、废渣不解决，就会成为公害。发达的资本主义国家公害很严重，我们要认识到经济发展中会遇到这个问题，要采取措施解决。10月9日，他陪同外宾参观北京东方红石油化工总厂时，指示北京市和该厂负责人要采取有效措施，消除危害工人健康的黄烟污染。[2]

据统计，从1970年到1974年的4年间，周恩来作过针对"三废"治理和"公害"防治等与环境保护有关的讲话共31次。[3]

第二节　全国性"三废"污染调查的全面展开

为了落实党中央关于"三废"治理的精神，1971年4月，以卫生部为主体开展了全国性"三废"污染调查。1971年12月，全国工业"三废"污染调查经验交流学习班初步总结了1971年调查所暴露出的"三废"污染问题和调查经验，提出了《1972年工业"三废"工作计

〔1〕参见《周恩来年谱（1949—1976）》下卷，中央文献出版社1997年版，第436页；另见顾明：《周总理是我国环保事业的奠基人》，载李琦主编：《在周恩来身边的日子——西花厅工作人员的回忆》，中央文献出版社1998年版，第332页。
〔2〕参见《周恩来年谱（1949—1976）》下卷，中央文献出版社1997年版，第448、488页。
〔3〕参见曲格平：《梦想与期待：中国环境保护的过去与未来》，中国环境科学出版社2000年版，第37页。

划》。经李先念批示，反映全国性"三废"调查的文件成为全国计划会议的一部分。随着〔72〕卫军管字第 47 号文件的下发，军工企业和三线企业的"三废"污染调查也纳入全国性"三废"调查的范围。随着调查的深入，黄河、长江和海洋污染的情况陆续上报卫生部门。由于"三废"涉及多部门、多地区，卫生部一个部门难以把握，将"三废"治理提高到更高的决策层面的要求成为一种必然。

一、全国性"三废"污染调查的开始

为了落实周恩来关于"三废"治理和"公害"防治的指示精神，1971 年 4 月 27 日，卫生部军事管制委员会向各省、市、自治区革命委员会卫生局下达了《关于工业"三废"对水源、大气污染程度调查的通知》（〔71〕卫军管字第 131 号），又称"131 号文"。[1]

"131 号文"指出："随着我国工业生产的蓬勃发展，工业'三废'（废水、废气、废渣）排出量日益增加。'三废'中的有害物质排出是害、回收是宝，回收利用可以为国家创造大量的物质财富。反之，将会严重危害人民健康和工农业生产。因此，处理好'三废'，是落实毛主席'备战、备荒、为人民'的伟大战略方针的需要，是贯彻'预防为主'保护人民健康，执行和捍卫毛主席无产阶级革命路线的重要内容。这是一项光荣的政治任务，一定要抓紧、抓好。""要解决'三害'问题，首先要摸清楚本地区的工业'三废'对河流、大气、水源的污染情况及危害程度。"为便于开展"三废"调查工作，"131 号文"还有两个附件，一个附件是《"三废"对水源、大气污染情况的调查提纲》，另一个是

---

[1] 参见江苏省地方志编纂委员会编：《江苏省志·环境保护志》，江苏古籍出版社 2001 年版，第 133 页。

《有害物质的测定方法》，供各地参考。[1]自此，全国范围的大规模"三废"调查正式开始。

"131 号文"为地方调查工作明确了调查范围，主要包括三个方面：厂矿调查、"三废"对水源的污染调查和"三废"对大气的污染调查。

就厂矿调查而言，"131 号文"要求各地对辖区主要厂矿进行全面调查，重点调查与生产中产生"三废"有关的部分。厂矿调查的任务是：（1）了解本单位"三废"的产生过程、种类、数量和含有害物质的浓度；（2）调查本单位"三废"的排放制度（包括事故排放）；（3）调查本单位"三废"管理与综合利用措施、回收方法和效果；（4）通过社会调查了解本单位"三废"对周围居民健康，对渔业、工业、农业生产方面的影响。

就"三废"对水源的污染调查而言，"131 号文"要求查清地面水（河、湖、水库等）和地下水源受"三废"污染的程度，主要污染物质，并找出污染源。"131 号文"要求对地面水和浅层地下水的测定在枯水期和丰水期各测三次。深层地下水在枯水期和丰水期各测一次。"131 号文"要求水源污染调查的观测指标包括一般卫生指标和一些主要有害物质。在分析项目中，把一般卫生指标和各地区中普遍存在的有害物质（酚、氰化物、汞、砷、铬）确定为统一观测指标，并规定了统一的测定方法。"131 号文"还要求各地区结合本地区的具体情况，增加本地区观测指标。

就"三废"对大气的污染调查而言，"131 号文"要求查清大气受工业废气、烟尘等污染的情况。"131 号文"要求各地根据本地区受有害物质污染的严重程度选择有代表性地点，区分为严重污染区、轻

〔1〕参见沿黄河八省（区）工业"三废"污染调查协作组编印：《黄河水系工业"三废"污染调查资料汇编》第 1 分册，1977 年，第 3—5 页。

度污染区和无污染区，并根据主要污染源对周围大气污染情况选择采样点。"131号文"对大气污染的观测指标提出了要求，各地要共同测定本地区居民区空气中二氧化硫浓度（以日平均浓度计算）和测定本地区大气中灰尘自然沉降量（以一个月沉降的灰尘量表示），并规定了统一的观测方法。"131号文"要求二氧化硫日平均浓度的测定，在冬季、夏季各测一次，每次至少5天；大气中灰尘自然沉降量一月一次。"131号文"还要求各地区结合本地区的具体情况，增加观测项目。

"131号文"还提出三点原则，除了政治原则，还要求各地区、各系统要密切配合，互相协作，及时总结交流经验以及研究实施"三废"的综合利用，从而化害为利。

"131号文"是中央政府为解决工业"三废"问题而发布的第一份全国性文件，也是部署污染调查工作的指导性文件。它虽然不是法规，却为20世纪70年代的环境污染调查工作提供了制度性保障。这次工业"三废"污染调查具有工业污染普查性质，不但覆盖范围广，而且操作较为规范。

二、全国工业"三废"污染调查经验交流学习班

经过全国近一年的调查，相关部门和单位亟须了解"三废"调查的情况和经验。1971年12月13日—28日，卫生部在上海市举办了工业"三废"污染调查经验交流学习班，参加学习班的包括27个省级卫生部门、6个医学院卫生系和国务院部委等单位的代表共95人。会上，代表们汇报了"三废"卫生工作的进展情况，交流了"三废"污染调查经验，制订了1972年"三废"卫生工作计划及协作方案，并对参加

联合国人类环境会议的准备工作进行了讨论。[1]

12月13日，开班仪式上，学习班形成了由耿精忠（中央卫生部军管会业务组）、傅善来（中共上海市卫生局党委委员）、李永津（国防科委后勤部助理员）、谭炳德（军代表）、孙棉龄（军代表）、姜修栽（军代表）、张金兰（军代表）、马琳（业务组负责人）、张亚宗（业务组负责人）、陈书涟（中国医学科学院劳动卫生研究所革委会副主任）、周世达（中国医学科学院劳动卫生研究所军代表）组成的会议领导小组。与会代表们按专业领域被分为水污染调查、空气污染调查、卫生标准、协助工业部门除害兴利4个技术交流小组。

与会代表们从12月13日起用了8天的时间进行了大会交流和小组交流和讨论。大会交流期间，农林部农科生物所的买永彬介绍了工业"三废"对渔业、农业的影响。

吉林第二松花江污染情况联合调查小组的吴世安和黑龙江省水污染协作工作组的高良文对两省工业废水对松花江、第二松花江和嫩江的污染情况进行了较为详尽的介绍，使与会代表们认识到松花江水系污染的严重情况。

大会交流期间，中国医学科学院劳动卫生研究所的王淑洁介绍了11月底在北京召开的关于修订《工业企业设计卫生标准》座谈会的情况。1971年11月22日—30日，根据国家建委〔71〕建革函字第150号通知和卫生部〔71〕卫军管字第294号文"关于修订《工业企业设计卫生标准》的通知"，由中国医学科学院主持，在北京召开了修订《工业企业设计卫生标准》工作组座谈会，参加会议的有国家建委，国家计委劳动局，冶金部，燃化部，一机部，轻工部，北京市建设局，

---

[1] 参见《工业"三废"污染调查经验交流学习班简讯》，《卫生研究》1972年第2期。

上海市建工局，湖北省基建局，北京、上海、天津、辽宁、黑龙江、湖北、四川等省、市卫生局，北京市三废办公室以及中国医学科学院等 24 个单位的代表 33 人。到会代表们认真学习了毛主席的教导和周总理关于"三废"问题的多次重要指示，经过讨论，明确了《卫生标准》修订的若干重要原则：（1）坚持"预防为主"的方针，对生产过程中产生的有害物质，应强调采取新工艺和综合利用、净化等兴利除害的措施，使其不产生或少产生，以保证人民健康，造福于后代。（2）认真总结新中国成立 20 多年来在生产建设和卫生工作中的实践经验和科研成果。对现行《卫生标准》中行之有效的保留下来，可定可不定的不定，不合理的废除，需要而又可能增加的增加。（3）本着"洋为中用"的原则，批判地吸收适合我国情况的外国资料。这次修订以应用普遍的和危害大的有害因素为主，对生产过程中产生的"三废"等有害因素，要求适当从严，对非生产性建筑则可从简。（4）要有战备观点。修订《卫生标准》要既适用于一般，也要为"三线"建设服务。体现大中小并举，多搞中小的方针。修订《卫生标准》工作组座谈会还明确了修订《卫生标准》工作的任务、组织、分工和步骤等事项。

在这次学习班上，水污染调查技术交流小组提出，希望中央批发一个关于消除"三废"危害的文件，引起各方面领导的重视。[1]

从 12 月 23 日开始，与会代表们分组讨论《1972 年"三废"工作计划》，并就我国参加"联合国人类环境保护会议"的准备工作进行了讨论。

---

[1] 参见《全国工业卫生工作经验交流资料选编（工业"三废"、防治矽肺、防治职业中毒学习班）》，湖北省卫生防疫站，1972 年 4 月，第 8 页。

三、《一九七二年工业"三废"卫生工作计划》

经过 1971 年底的全国工业"三废"污染调查经验交流学习班的讨论，1971 年 12 月 27 日，卫生部军管会最终形成了《一九七二年工业"三废"卫生工作计划》。

《计划》规定，1972 年"三废"卫生工作要点是：

1. 继续贯彻卫生部〔71〕卫军管字第 131 号文的要求，建议各省、市、自治区，要狠抓调查研究，摸清本地区水源、大气受"三废"污染情况，并注意三线建设和中小企业污染情况的调查。1972 年，要着重查清我国主要水力资源，如：长江、渤海湾等及重要工业城市大气受"三废"污染情况，在调查过程中，找出污染源，对严重污染区居民要进行体检，为工业部门消除危害提供依据。

2. 协助工业部门积极开展兴利除害、综合利用工作：1972 年要求工业部门着重减少和消除含汞、含酚、含氰、含铬废水对水源的污染；二氧化硫、烟尘、氯气等对大气的污染，各地卫生部门要积极协助工业部门，开展兴利除害利用工作。

3. 水源大气中有害物质测定和采样方法的统一：为了使我国工业、企业设计卫生标准更有效地实施，使"三废"污染调查工作顺利进行，于 1972 年内，对车间空气中 38 种有害物质、居民区大气中 18 种有害物质、地面水中 34 种有害物质的采样测定方法进行统一。

4. 制定卫生标准（计划另订）。《计划》强调，消除"三废"危害的斗争，是一场多兵种、多学科的人民战争，涉及许多单位和部门。因此，必须在党的统一领导下，与工业、计划、城建、农林等部门紧密结合，大搞群众运动，实行群众与专业队伍相结合，卫生调查与兴利除害相结合，把好城市规划和新建厂矿的设计卫生关，调动一切积极因素，大力培养"三废"卫生工作人员，共同完成 1972 年计划。

《计划》要求，1972 年计划中，有的项目需要几个省、市共同完成，应按任务组成协作组，共同制订计划，统一领导，统一方法，分工负责，互相配合，定期检查，共同完成任务。有关"三废"卫生工作的经验资料，选送中国医学科学院，并由该院负责有关"三废"卫生工作情报。《计划》指出，宣传工作很重要。各地应通过各种宣传工具，开展消除"三废"危害工作及有效措施的宣传。

《计划》准备在 1972 年三、四季度召开一次"三废"卫生工作小型汇报会，以交流经验，总结、推广先进单位和地区的经验。《计划》建议国家建委在 1972 年组织一次有关"三废"工作的会议。

四、《关于工业"三废"污染情况和建议的报告》

1972 年 1 月 8 日，卫生部军管会向国务院递交了题为《关于工业"三废"污染情况和建议的报告》，汇报了全国工业"三废"污染调查经验交流学习班的情况。

《报告》指出，"三废"卫生工作在全国各地逐步开展。全国认真地进行了大量调查研究，初步摸清了"三废"污染和危害的基本情况。调查显示，江、河、沿海的水和工业城市以及某些大型工厂周围的空气都受到不同程度的污染，个别地区更为突出：长江已普遍被酚、氰化物等有毒物质污染，如长江宜宾段，宜宾天原化工厂废苯排入江后，江面油光一片，1969 年初，引起江面失火，烧毁船只，7 名船工烧伤。广州缝纫机厂烟囱排出砷粉尘，1969 年来前后发生三次附近居民因食用受砷粉尘污染的菜心引起 500 多人次的中毒事故。辽阳三七五化工厂含有机化合物的废水排入太子河，又渗入地下，污染地下水范围约 70 平方公里，直接威胁下游辽阳、鞍山两市水源地，污染地区的鸭子也发现肝脏有病理改变。沈阳冶炼厂排出大量氯气、铅尘和 20 余种有害气体，1971 年发生两次跑氯事故，引起附近居民 1000 多人中毒，600 人住院治疗，死亡 3 人；该厂直径 3 公里范围内的居民、工业区空气中含铅量超过国家标准 6 倍，铁西工业区抽查部分居民尿铅量有所增高，说明体内已有一定的铅蓄积。贝金首都钢铁公司及其附近的特殊钢厂、第二通用机械厂等厂含酚、氰废水污染地下水范围，已由 1958 年的 22 平方公里发展为 200 平方公里左右，和城区污染连成一片。抽查 64 个水源井中，45% 氰含量超过饮水标准，部分水源还检出汞。吉林染料厂、电石厂都排放含汞废水入松花江，吉林下游 300 公里处的江底污泥仍能检出汞，即使停止向江中排汞，江水也要相当长时间恢复自净。

《报告》指出，三线建设多在山区，平时一般河流水量小，毒气不易扩散，水与空气污染比较突出。军工生产中的"三废"问题，至今还处于无人过问状态。一些中小城镇工业的发展也带来一些"三废"危害问题，如贵阳南明河，在枯水期清水和污水的比例只有 2∶1，自来水厂成了污水处理厂，现已不能使用。

《报告》指出，工业"三废"不仅在一些地区损害了人民健康，对工农业生产也产生了很大影响，一些内河沿海因污染，水产资源已受到破坏，例如我国出口对虾最高年达 12000 吨，1970 年因货源不足仅出口 7200 吨，仅此一项即损失 1500 多万美元，相当于 20 多万吨小麦，对外贸易影响很大。另外由于工业废水任意排放，在工业企业之间也产生了矛盾，杭州油墨油漆厂废水含苯和酚，污染了水源，影响了杭州罐头食品厂的产品质量。

《报告》指出，从全国看，"三废"兴利除害工作目前发展还不平衡，一些地区和部门还处于无人负责状态。随着我国工业的迅猛发展，"三

废"数量和品种将日益增多，必须对消除"三废"危害工作予以高度
重视。

为此，《报告》建议：

1. 加强党的一元化领导。消除"三废"危害是一项政治性强、涉
及面广、技术难度大的工作，建议各省、市、自治区和燃化、冶金、
轻工、水电等有关部委要把这项工作列入党委议事日程，一年抓几次。

2. 建立健全管理机构。建议由计委、建委、燃化、冶金、轻工、
卫生、农林、科学院有关部门负责同志组成治理"三废"领导小组，
请计委、建委负责，统一领导全国"三废"兴利除害工作，下设办事
机构，承办日常业务工作。

3. 贯彻计划会议精神，新建、扩建工业企业要从基本建设上落实
解决"三废"问题的措施，卫生部门应参与选址、设计的审查和验收
工作。

4. 三线建设、军工部门"三废"问题比较突出，建议国防工办、
国防科委加强对本系统"三废"工作的领导。

5. 在调查研究基础上，各省、市、自治区和有关部委要在 1972 年
上半年内制定出消除"三废"危害的规划，上报国家建委，分期分批
逐步解决。对一些毒性大，目前尚无较好解决办法的"三废"项目，
要列出计划，积极组织科研力量，攻克技术难关。

1972 年 1 月 12 日，李先念在卫生部《关于工业"三废"污染情况
和建议的报告》上批示：建议印发计划会议并发政治局、军委办公会议
和国务院业务组各同志。[1]由此，卫生部《关于工业"三废"污染情况
和建议的报告》成为全国计划会议文件的一部分。1972 年全国计划会议

---

[1] 参见《李先念传》编写组、鄂豫边区革命史编辑部编写：《李先念年谱》第 5 卷，
中央文献出版社 2011 年版，第 166 页。

纪要要求：要把综合利用切实抓起来。现在有很多东西，没有充分利用就废弃了，不但造成严重浪费，而且危害公共卫生和人民健康。各部门、各地区都要把综合利用提到议事日程上来，并且制定出有效的措施。[1]

五、《关于转发工业卫生、职业病防治研究协作方案的通知》

1972 年 2 月 11 日，卫生部军管会下发了《关于转发工业卫生、职业病防治研究协作方案的通知》（〔72〕卫军管字第 47 号），其中附件四是《1972 年"三废"卫生工作重点》。文件的主题内容与《1972 年"三废"工作计划》基本一致，《一九七二年"三废"卫生调查项目表》更加明确了 1972 年"三废"卫生调查的项目。文件提出五个"三废"调查重点项目，分别是：（1）各省、市、自治区查清本地区内水源大气受"三废"污染情况，找出污染源；（2）由湖北、江苏、天津、河南、广东、上海分别负责对长江水系（包括主要湖泊）、渤海湾、黄河水系、松花江水系、珠江、东南沿海等主要水利资源受工业"三废"污染情况，找出污染源；（3）查清主要工业城市大气受"三废"污染情况，找出污染源及主要有害物质并建立监测点；（4）由燃化部、冶金部协同各省、市、自治区对石油、焦化、氯碱等化工企业及有色金属企业等主要污染行业"三废"情况进行调查，查清"三废"中主要有害物质的种类、数量及危害程度；（5）由国防工办主要负责，开展三线建设中工业"三废"污染情况的调查。

文件要求将"三废"调查的范围扩大到三线及军工企业，这无疑将改变《关于工业"三废"污染情况和建议的报告》中所反映的军工

---

〔1〕参见国家经济贸易委员会编：《中国工业五十年》第 5 卷下册，中国经济出版社 2000 年版，第 852 页。

生产中的"三废"问题"至今还处于无人过问状态"。

第三节　全国"三废"污染调查反映的污染情况

1972 年 10 月，沿黄八省（区）工业"三废"污染调查协作组提交《黄河水系工业"三废"污染调查总结》，长江、珠江、松花江、渤海、东海等水系的"三废"调查报告也相继上报。

一、长江水质污染状况调查

长江是我国最大的河流，发源于青海省西部，出省前叫通天河，出省后叫金沙江，自宜宾以下始称长江，流经青海、西藏、云南、四川、重庆、湖北、湖南、江西、安徽、江苏、上海 11 个省（区）、市，在上海注入东海，全长 6300 多公里。长江具有水源长、流量大、河床复杂、江水稀释能力强大的特点，是我国内河航运中最重要的一条大动脉，也是历来沿江居民和工农业用水的主要水源，渔业和水利资源丰富。

根据卫生局军管会"131 号文"，四川、湖北、湖南、江西、安徽、江苏六省和上海市组成协作组，共同开展长江水系水质污染情况调查工作，商定湖北、江苏、四川三省为召集单位。

1972 年 5 月 24 日至 6 月 1 日，在武汉召开了六省一市第一次协作会议，明确了各省、市承担的任务，拟定了统一的调查执行计划，确定了 1972 年 7、8 月（丰水期）和 1972 年 1、2 月（枯水期）各采样三次，随后进行总结。1972 年 10 月 25 日至 11 月 1 日，在重庆召开了第二次会议，各省、市介绍了丰水期的调查情况，交流了经验。参加调查的有 226 个单位，626 名专业人员，总共调查了 832 公里江

段，21 个城市共设置采样断面 169 个，采样点 1085 个，共采水样
7374 份，取得了 60038 个检验数据。[1]

调查显示，随着工业建设的迅速发展，工业废水排出量日益增多，
长江水体中有害物质逐年增长。比如，根据重庆市供水公司化验室历
年水质化验资料：嘉陵江在 1963 年以前只有个别水样检出砷的化验结
果仅为"痕迹"，但 1964—1971 年在 80 个月水样中，有 48 个月水样
中检出砷，含量为 0.001—0.07 毫克／升；1968 年 12 个月水样中，有
8 个月检出汞，浓度为 0.008—0.026 毫克／升。历史资料说明，随着
工业的发展，重庆市的河流在 1964 年以后污染逐步加剧了。[2]

调查显示，当时工业废水中有害物质对长江水质的污染比较突出
的是酚，其污染程度枯水期重于丰水期，钢铁企业及石油企业废水为其
主要污染物来源。部分江段还受到氰化物、铬、砷、汞、有机磷等的污
染。[3]栖霞段南京石油化工厂每天排出的废水中含石油约 3700 公斤，致
使江水中石油的最高检出值为 41.24 毫升／升，是最高容许浓度的 412
倍。在该段江面上形成了面积达 10 平方公里的宽阔棕黑色污染带。[4]

---

〔1〕参见湖北省医学科学院、湖北省卫生防疫站编：《长江水质污染状况调查资料汇
编·六省一市协作会议交流资料（1973 年 4 月）》第 2 集，湖北省医学科学院、湖北省
卫生防疫站，1973 年 6 月，第 1 页。

〔2〕参见湖北省医学科学院、湖北省卫生防疫站编：《长江水质污染状况调查资料汇
编·六省一市协作会议交流资料（1972 年 5 月）》，湖北省医学科学院、湖北省卫生防疫
站，1972 年 6 月，第 2 页。

〔3〕参见湖北省医学科学院、湖北省卫生防疫站编：《长江水质污染状况调查资料汇
编·六省一市协作会议交流资料（1973 年 4 月）》第 2 集，湖北省医学科学院、湖北省
卫生防疫站，1973 年 6 月，第 8 页。

〔4〕参见湖北省医学科学院、湖北省卫生防疫站编：《长江水质污染状况调查资料汇
编·六省一市协作会议交流资料（1972 年 5 月）》，湖北省医学科学院、湖北省卫生防疫
站，1972 年 6 月，第 57 页。

据调查，水体污染对沿江渔业带来了影响。以长江南京段的调查为例，常年在板桥附近捕鱼的江宁县渔业大队反映，近年来鱼产量大幅度下降。1971年和1970年相比，刀鱼从10万斤下降到7万斤，鲥鱼从2.2万斤下降到1万斤。以长江为水源的沿江各自来水厂的出厂水质近年来有所变化。南京化工厂的自来水中有时含酚量高达0.046毫克/升。大厂镇各厂的自来水含酚量普遍增高（最高值0.0275毫克/升）。供应市内用水的北河口水厂，1966年以前进水中未发现过有毒物质，但到1972年已检出酚、锌、铜等多种有毒污染物；且有时酚含量高达0.0075毫克/升。[1]南京江段有些鱼有煤油味。九江段1965年产鱼3050担，1971年下降至1100担。南通段1965年各种鱼的总产量为10441担，1972年仅为4761担，其中鲥鱼从245担下降到16担。[2]

二、黄河水系工业"三废"污染调查情况

黄河是中华民族的"母亲河"。黄河发源于青藏高原，蜿蜒流经青海、四川、甘肃、宁夏、内蒙古、山西、陕西、河南和山东，归于渤海，干流全长5464公里，流域面积79.5万平方公里。根据卫生部1971年"131号文"和1972年"47号文"的要求，以及1972年全国计划会议要求，为了摸清工业"三废"对黄河水质污染情况及其来源，1972年3月，沿黄八省（区）在郑州召开了第一次协作会议，成立"沿黄河八省（区）工业'三废'污染调查协作组"，制定了协作方

---

[1] 参见湖北省医学科学院、湖北省卫生防疫站编：《长江水质污染状况调查资料汇编·六省一市协作会议交流资料（1972年5月）》，湖北省医学科学院、湖北省卫生防疫站，1972年6月，第57页。

[2] 参见湖北省医学科学院、湖北省卫生防疫站编：《长江水质污染状况调查资料汇编·六省一市协作会议交流资料（1973年4月）》第2集，湖北省医学科学院、湖北省卫生防疫站，1973年6月，第8页。

案，共组织了 98 个单位 361 人参与调查。从 4 月起，调查人员对黄河干流和 14 条较大支流进行了污染调查，从全水系 8 个区域，18 个采样段、57 个断面、164 个采样点获得了枯丰两水期的 951 份水样，获得了 51624 个数据。基于这些数据，沿黄河八省（区）工业"三废"污染调查协作组在济南召开会议并于 10 月提交了《黄河水系工业"三废"污染调查总结》。[1]

该《总结》首先指出了黄河的污染源。指出黄河流域的西宁、兰州、银川、石嘴山、包头、呼和浩特、太原、西安、三门峡、洛阳等城市的工业"废水"，大部分未经处理，直接或间接排入黄河。据不完全调查，890 多个厂矿，每日排入黄河的工业"废水"达 238 万多吨，有毒污染物 40 余种。[2]

该《总结》对枯水期和丰水期黄河干流 716 份水样和支流 235 份水样进行了分析，指出，枯水期和丰水期汞、铬、砷、氰化物、酚五项污染物均有检出，说明黄河干、支流都遭受到五项污染物不同程度的污染。其中汞、砷、酚三项在干、支流中均超过地面水最高容许浓度。[3]

从时间维度上，该《总结》指出，黄河干流丰水期比枯水期污染程度重、范围广。污染物汞的检出率丰水期比枯水期高 11.43%，平均浓度高 0.0029 毫克／升。污染物砷的检出率丰水期比枯水期高 25.84%，平均浓度高 0.040 毫克／升。污染物酚的检出率丰水期比枯水期高

---

[1] 参见沿黄八省（区）工业"三废"污染调查协作组：《黄河水系工业"三废"污染调查资料汇编》第 1 分册，1977 年，第 38 页。

[2] 参见沿黄八省（区）工业"三废"污染调查协作组：《黄河水系工业"三废"污染调查资料汇编》第 1 分册，1977 年，第 40 页。

[3] 参见沿黄八省（区）工业"三废"污染调查协作组：《黄河水系工业"三废"污染调查资料汇编》第 1 分册，1977 年，第 40 页。

5.03%，平均浓度高 0.008 毫克／升。[1]

从空间维度上，该《总结》指出，以黄河水系零断面（青海循化断面）为分界，黄河干流污染情况差别较大。循化断面五项污染物枯水期均未检出，丰水期仅检测到污染物砷，浓度在 0.02—0.04 毫克，其余污染物均未检出。循化以下断面普遍检出五项污染物，尤以汞、砷、酚三项污染范围广、浓度高。汞最高值超过标准 7 倍，砷超过标准 19 倍，酚超过标准 8 倍多，说明黄河水体普遍遭到工业"三废"的污染。[2]

该《总结》还指出了工业"三废"污染对黄河沿岸渔业农业和人民生活的影响。由于污染加剧，黄河鱼类减少，内蒙古 1969 年有船 43 只，劳力 96 人，产鱼 4.3 万斤，1970 年有船 45 只，劳力 118 人，产鱼 2.1 万斤，1971 年有船 32 只，劳力 86 人，产鱼 1.1 万斤，产量逐年下降。河南有关部门和渔民反映，黄河鲤鱼近年产量下降。河南巩县因截流被工业废水污染的洛河水用于灌溉，造成 2000 余亩小麦减产。污染带来了水质恶化，影响人民身体健康。青海省 1972 年 7、8月，西宁市自来水厂西川取水样有 38 次测出污染物酚，有 34 次超过地面水最高容许浓度，最高超过标准 60 倍。小峡公社社员反映：近两年来，枯水期河水发黑、发臭，上浮白沫，吃了恶心，肠胃不适。由于废水管理不善，渗入河道，使湟水沿岸近 20 万人被迫停用河水近一个月。黄河甘肃段兰州市区下游，河面浮有油污，饮用河水后有时出

---

[1] 参见沿黄八省（区）工业"三废"污染调查协作组：《黄河水系工业"三废"污染调查资料汇编》第 1 分册，1977 年，第 40 页。

[2] 参见沿黄八省（区）工业"三废"污染调查协作组：《黄河水系工业"三废"污染调查资料汇编》第 1 分册，1977 年，第 43 页。

现腹胀、头晕、头痛，身上起皮疹等症状。白银地区水有苦杏仁味。[1]

　　该《总结》分析指出，调查的结果显示黄河水体已经普遍受到工业"三废"的污染，其污染来源一是河流两岸的兰州、银川、石嘴山、包头、三门峡等城市及沿岸厂矿的工业"废水""废渣"，未经处理（或简单处理）直接排入黄河水体所污染。另一个污染源是西宁、呼和浩特、太原、西安、洛阳等城市的工业"废水""废渣"，经湟水、大黑河、汾河、渭河、伊河、洛河等支流间接排入和流域两岸农田使用含毒农药，被雨水冲刷入河，造成黄河水体污染。这也是黄河干流丰水期污染比枯水期污染严重的一个原因。[2]

　　该《总结》提出五条建议：

　　1. 加强领导。治理"三废"是一项涉及面广，技术性强的工作，有关"三废"的综合利用、处理和危害问题与燃化、冶金、轻工、农林、水利、卫生和科研等部门有关。因此，建议国家建委、国家计委和有关部委加强对此项工作的领导。

　　2. 建立治理"三废"组织。随着社会主义工业的迅速发展，"三废"中的有毒物质排放量增加，种类繁多，性质复杂，污染水体相应加重。为保护黄河水利资源和人民身体健康，建议各省（区）在省（区）委、革委会直接指导下，建立由有关部门参加的治理"三废"组织和"三废"监测机构，统一规划，协同作战，完成中央交给的"三废"污染调查和治理任务。

　　3. 充实技术力量和仪器设备。通过今年的污染调查，各省（区）

─────────

〔1〕参见沿黄八省（区）工业"三废"污染调查协作组：《黄河水系工业"三废"污染调查资料汇编》第1分册，1977年，第43页。

〔2〕参见沿黄八省（区）工业"三废"污染调查协作组：《黄河水系工业"三废"污染调查资料汇编》第1分册，1977年，第44页。

实感技术力量和设备之不足，为了今后继续深入调查，建议：中央卫生部和有关部委培训充实技术力量，组织经验交流，编印技术资料，配发仪器设备和交通工具，以应急需。

4. 建议国务院颁发治理"三废"的管理办法，成立治理"三废"的研究机构。

5. 关于军工保密厂矿"三废"治理。各省（区）的国防工业保密厂矿其"三废"治理地方无法管理，建议中央有关部委加强领导，按系统自行组织调查治理，以便中央政策全面得到贯彻落实。[1]

三、海洋污染状况的调查

1972 年 9 月 21 日，国家计委上报了《防治大连、上海等港污染问题的报告》（〔72〕计计字 216 号）。该《报告》较为全面地反映了当时通过"三废"污染调查所掌握的主要港口和近海污染情况的概貌。

（一）重要港口污染问题严重

大连港：每年约有 3000 吨的污油，34 万吨的工业污水，72 万吨的工业废渣排入港区。港区海水中含有苯、酚、汞、硫、碱、有机氯等有害物质。

上海港：据粗略统计，1971 年外轮向江内排放洗舱、压舱污水含油 4500 吨，国轮排放量和因运输、装卸不慎跑油、漏油、溢油等排油量更大；船员排入江中的粪便 15000 吨，生活污水约 15 万吨。另外，每天排入江内的城市污水约 400 万吨。港区江水中含有汞、硒、酚、砷、铅、铬、氰化物等有害物质。其中汞、硒、酚、氰化物等已超过了规定的浓度，影响了上海饮用水的质量。

---

[1] 参见沿黄八省（区）工业"三废"污染调查协作组：《黄河水系工业"三废"污染调查资料汇编》第 1 分册，1977 年，第 43 页。

南京港：港区内经常可以看到有漂浮的油花，游泳后身上有油腻。江水中含有酚、硫、氰化物等有害物质，仅南京石油化工厂每月排入江内的污水就达 430 万吨，形成了一条 20 多里的污染带。

（二）渤海污染问题严峻

卫生部会同辽宁、山东、河北、天津四省市的工业、农业、卫生、科研、学校等单位的 270 多人，对渤海湾污染情况进行了一次调查。在沿旅大、营口、锦州、秦皇岛、天津、惠民、昌潍、烟台八个地区的 20 里的近海海域中，查出了油、砷、汞、铅、铬、氰化物、苯胺、有机磷、有机氯农药、四乙基铅等。其中油、砷、酚等含量高出地面水 784 倍，主要是沿海城市的工业废水通过 20 多条河流排入海湾造成的。据统计，每天排入海湾的污水 510 万吨，其中辽宁 400 万吨，天津 60 多万吨，山东 34 万吨，河北 10 多万吨。

（三）污染导致渔业损失严重，生物多样性受到严重破坏

大连港由于近海海水混浊恶化，养殖场的海带腐烂，海参、干贝、海蜇等海生物逐年减少，有的已经绝迹。

上海港由于江水污染，渔业受到危害。据上海县渔业社反映，1958 年每艘每年捕鱼 80 担，1971 年降为 10 担，过去有鱼、虾等 10 多个品种，现在只剩下鳗鱼 1 种了。

南京港水域开始有了污染，并对渔业造成一定的危害。据当地渔业社反映：1970 年比 1969 年的捕鱼量减少了 55%，而 1971 年又比 1970 年减少了 60%。

渤海地区由于污染严重，海生物显著减少。如津塘地区对虾的产量，1960 年为 609 吨，1971 年降为 9 吨。辽东湾地区的白蚶子，秦皇岛地区的黄花鱼，汤河的香鱼，塘沽地区的银鱼、紫蟹，山东小清河的面条鱼，烟台地区的蛏子、桃花鱼等已绝迹。

该《报告》提出，渤海湾是我国最大的内海，随着沿海工业的不断发展和海底石油的开发，污染问题将会更加严重。因此，采取措施，防止渤海湾的进一步污染是一项必须十分重视的工作。

国家计委在该《报告》中建议，按照官厅水库的做法，召开一次有辽宁、天津、河北、山东四省、市和有关部门参加的防止渤海湾污染的会议。对工矿企业和船只的排放污水提出要求，并建立河道、港口的管理制度等。[1]国家计委进一步建议由国家计委、建委、燃化、交通部门等有关部门进行准备，在1972年10月召开相关会议。

---

[1] 参见曲格平、彭近新主编：《环境觉醒——人类环境会议和中国第一次环境保护会议》，中国环境科学出版社2010年版，第452—454页。

第三章

战略格局调整下环境保护理念的进入

第一节 党中央对国外环境保护运动的关注

第一次世界大战后，随着社会经济的发展，特别是煤化工与石油化工的发展，人与环境的关系进一步紧张。而当时资本密集型集中生产的生产模式和汽车销量的巨大增长，又进一步加剧了这种紧张关系。从 20 世纪二三十年代开始，世界各主要工业国都先后出现了明显的环境污染。其中最著名的八个代表性事件被称为"国外八大公害事件"。"国外八大公害事件"中最早的发生在欧洲，美国的污染也很严重，导致第二次世界大战后美国社会对环境保护的诉求强烈。1962 年，《寂静的春天》的发表引起了大规模的社会环境运动。《寂静的春天》成为现代环境运动诞生的标志。受到国内环境运动的影响，尼克松政府决定将环境工作作为新政府内外政策的重点之一，并在尼克松总统的第一任期就职演说中加以强调。在大洋彼岸，中国的决策者们关注着美国政策的细微变化，也自然不会放过美国政府对环境问题的强调，并开始了系统性地收集环境问题的相关资料。

一、国外八大公害事件的出现

随着工业的发展，工业排出的废水、废气、废渣造成了对大气、水源、土壤、食品等方面的严重污染。20 世纪 30—60 年代，在一些工业发达的资本主义国家中，一系列污染事件发生，其中最震惊世界的具有代表性的是"国外八大公害事件"。

（一）马斯河谷烟雾事件

在比利时马斯河谷工业区，分布着炼焦、炼钢、电力、玻璃、炼锌、硫酸、化肥等许多工厂。1930 年 2 月初，由于出现气候反常，马斯河谷为浓雾所覆盖，这一河谷地段的居民有几千人呼吸道发病，约有 60 人死亡，为平时同期死亡人数的 10.5 倍。发病的症状是：流泪、喉痛、声嘶、咳嗽，呼吸短促、胸部窒闷、恶心、呕吐等。死者大多数是年老和有慢性心脏病及肺病的患者。尸体解剖证实：刺激性化学物质损害呼吸道内壁，是致死的原因。

（二）多诺拉烟雾事件

1948 年 10 月，美国宾夕法尼亚州匹兹堡市南边的工业小镇多诺拉镇发生了一起轰动一时的空气污染造成的公害事件。4 天内有 5911 人患病，占全镇总人口的 43%，死亡 17 人，而平时同期的平均死亡人数只有 2 人。事件发生的条件（如地形、气候）、病者症状等，与马斯河谷烟雾事件极为相似。

（三）洛杉矶光化学烟雾事件

20 世纪 40 年代初期，美国洛杉矶出现了一种浅蓝色的刺激性烟雾，有时持续几天不散，使大气可见度大大降低，许多人喉头发炎，鼻眼受到刺激，头痛等。最初发生时，当地居民曾以为是日军的袭击。直到 1950 年，才发现这种新型的大气污染是由于汽车排放的碳氢化合物，受烈阳光的作用而构成光化学烟雾。1943 年 5 月—10 月，洛杉矶因光化学烟雾污染导致大多数居民患病，污染刺激眼睛、咽喉和鼻腔引起眼病和喉咙痛，期间 65 岁以上老人死亡 400 人。洛杉矶从此被称为"美国的烟雾城"。

（四）伦敦烟雾事件

1952年12月5日—8日，英国伦敦上空连续四五天烟雾弥漫，煤烟粉尘蓄积不散，造成震惊一时的4000人死亡的严重事件。经过十几年的时间，才弄清了伦敦烟雾事件的真相，原来粉尘中含有一种三氧化二铁的成分，能促进空气中二氧化硫氧化，生成硫酸液沫附着烟尘上，或凝集在雾点进入人的呼吸系统，使人发病，或加速呼吸道慢性病患者的死亡。

（五）水俣事件

日本水俣镇自1953年以来，逐渐发现生怪病的人，开始时口齿不清，步态不稳，面部痴呆，进而耳聋、眼瞎，全身麻木，最后精神失常，身体弯弓，高叫而死。随着病人的逐渐增多，出现了"自杀猫""自杀狗"等现象。直到1959年，才揭开了水俣病的秘密：由于当地工厂排出的含甲基汞的废水污染了水源，使鱼有毒，人畜吃了毒鱼而生病死亡。

（六）富山事件

1955年以后，在日本富山神通川两岸出现一种怪病。一开始是腰、手、脚等各关节疼痛，延续几年之后，身体各部位神经痛和全身骨痛，直至饮食困难，在衰弱疼痛中死去，有的甚至因无法忍受痛苦而自杀。直到1961年才查明，神通川两岸的骨痛病患者与当地炼锌厂的废水有关。该厂把未经净化处理的含镉废水排放到神通川里，当地农民喝了含镉毒的水，吃了因受污染而含镉毒的米，久而久之，体内富集大量的镉，致中毒而引起骨痛病。

（七）四日事件

1955年以来，日本四日市由于石油工业的迅速发展，每年排出的粉尘和二氧化硫总量达 13 万吨，使这个小城市终年烟雾弥漫。这些有害气体被吸入体内后，逐步削弱肺部排除污染物的能力，形成支气管炎、支气管哮喘、肺气肿以及肺癌等许多呼吸道疾病，这些病统称为"四日气喘病"。据统计，到 1972 年，日本全国患"四日气喘病"的患者高达 6376 人。

（八）米糠油事件

1968 年初，在日本九州发现一种奇怪的病。开始只是眼皮发肿，手掌出汗，全身起红疙瘩，严重的呕吐、恶心，肝功能下降，全身肌肉疼痛，咳嗽不止，有的医治无效而死。7、8 月，患者超过 5000 人，其中 16 人死亡。经追踪调查，发现九州大牟田市一家食用油工厂，在生产米糠油时，在脱臭过程中使用多氯联苯液体作载热体，因生产管理不善，使这种毒物混进米糠油中，造成人的中毒生病或死亡。

"国外八大公害事件"只是当时国外环境问题的一个缩影。环境污染事件的频繁发生直接导致人们的生命健康受到严重威胁，也促成了世界范围内环境保护运动的兴起。随着《寂静的春天》的出版，现代环境保护运动蓬勃发展，并最终影响了美国等主要大国的国家政策。

二、现代环境保护运动的勃兴

困扰日本、欧洲等国家和地区的环境污染问题在美国也同样存在。第二次世界大战结束后，美国的经济稍加恢复就开始进入高速发展的黄金时期。1950 年美国国民生产总值为 2871 亿美元，1960 年达到 5090 亿美元。与此同时，美国民众的人均实际可支配收入也相应上升。据统计，1960 年，美国人均国民收入近 2000 美元。经济发展的同时，人口也快速增长。1944—1964 年是美国人口高速增长的时期，这期间出生的人也被称为"婴儿潮"一代。仅在 20 世纪 40 年代，美国人口就从 1.51 亿激增到 1.8 亿。截至 1960 年，美国的人口总数在十年内增加了 3500 万，增幅达 20%。

人口的激增和大规模消费扩大了经济增长带来的副作用。美国人大举迁居郊区，人口的大量涌入使郊区环境迅速恶化，生活垃圾和废水爆炸性增长。20 世纪 60 年代中期，美国的污水处理系统尚不完善，约有 1/3 美国人生活在没有污水排水系统的地区。许多生活垃圾和废水被排入附近河流及湖泊中，导致出现严重的水污染问题。汽车工业的飞速发展降低了私家车的购买成本，美国人换车的热情日益高涨，频率也不断加快。许多被淘汰的车辆要么被当作垃圾丢弃在垃圾站，要么使用焚化炉焚化并当作垃圾填埋。由于缺乏基本的污染控制设备，政府也没有给予足够的治污资金支持，这种粗放式的处理方式带来地下水污染、疾病传播等一系列严重后果。私家车保有量的迅速增加还带来严重的空气污染问题。人们不仅可闻到空气中的异味，而且会感到呼吸困难，少数体质较弱者则罹患呼吸系统疾病。除了汽车尾气，大型的电力工业及其他重工业的发展也是造成空气污染的元凶之一。重工业生产燃料主要有矿石燃料、煤、石油等，释放出大量二氧化硫，加剧了空气污染的情况。

在这样的背景下，1962 年《寂静的春天》犹如旷野中的一声呐喊，引发了现代环境保护运动，其作者蕾切尔·卡逊也因此被誉为"现代环境保护运动之母"。卡逊花了 4 年时间查阅了数千份研究报告，奔走各地，拜访医学、植物学、鸟类学、渔业等各领域专家，获取了大量资料，以严谨的科学态度和无可辩驳的事实，揭露了杀虫剂滥用对环境的危害。

在各种杀虫剂中，她尤其关注滴滴涕（DDT）。滴滴涕是美国科学家保罗·穆勒于 1939 年发明的杀虫剂。第二次世界大战期间，滴滴涕极其有效地在太平洋战场根绝了蚊子携带的疟原虫，并在欧洲战场控制住了引发斑疹伤寒的虱子的繁衍。穆勒因此获得了 1948 年的诺贝尔生理学或医学奖。

二战后，滴滴涕的使用达到了滥用的程度。20 世纪 50 年代，美国成为使用化学农药最多的国家，并制定了用化学农药控制害虫的十年计划，开始大量施用农药和杀虫剂，一次喷药的土地面积少则几千英亩，多则上百万英亩。1957 年 5 月，纽约州和联邦当局在长岛拿骚县和萨福克县上空用飞机喷洒大量的滴滴涕，一时间有如雨下。结果滴滴涕喷洒后，一些花草和灌木枯萎了，许多鸟、蟹和益虫也都死了，一匹赛马因喝了被洒了农药的小河沟的水而死去。长岛居民在鸟类学家 R. C. 莫菲的率领下向法院提起诉讼，但法院终因没有滴滴涕的危害的确凿证据而不支持他们的要求。当时密切关注此事的卡逊决定写一本关于滴滴涕危害的普及性读物，初定题目是"控制自然"，这本书后来发展为《寂静的春天》。

通过严谨的研究，卡逊详细阐述了滴滴涕的使用，经过生物链的传导，最终对人类的生活产生致命危害。她这样写道：被洒向农田、森林和菜园里的化学药品也长期存在于土壤里，然后进入生物的组织中，并在一个引起中毒和死亡的环链中不断传递迁移。有时它们随着地下水流神秘地转移，等到它们再度显现出来时会在空气和太阳光的作用下结合成为新的形式，这种新物质可以杀伤植物和家畜，使那些曾经长期饮用井水的人受到不知不觉的伤害。卡逊对杀虫剂滥用的大胆预言震惊了整个美国社会。

1962 年 6 月 6 日，《纽约客》开始连载《寂静的春天》，并立刻在全国引起轰动，全书于 9 月 27 日正式出版，到 12 月卖出了 10 万册。1962 年的整个秋季，《寂静的春天》都是《纽约时报》畅销书排行榜的第一名。

《寂静的春天》引发了广泛的讨论，唤醒了美国民众的环境保护意识，从此"环境"一词进入美国公共政策领域。1963 年，时任美国总统肯尼迪责成"总统科学顾问委员会"调查书中的结论。总统科学顾问委员会发表在《科学》杂志上的报告"完全证实了卡逊的结论"，还批评了联邦政府颁布的直接针对火蚁等昆虫的灭绝纲领，要求联邦各机构制订长期计划，立即减少滴滴涕的使用，直至取消使用。1963 年 6 月，参议员亚伯拉罕·利比科夫在国会开展了大范围的关于环境危害和杀虫剂问题的讨论。[1] 1967 年，美国第一个民间的环境组织——"美国环保协会"（Environmental Defense Fund）应运而生。1970 年 4 月 22 日，约 2000 万美国人走上街头，举行声势浩大的游行示威和抗议活动，表达对环境现状的不满和关注。此次活动的规模可谓前所未有，共有 2000 所高等院校和 1 万所中学卷入运动，参与人数约占美国人口的 1/10。4 月 22 日后来被定为"世界地球日"。美国环境保护局（U.S. Environmental Protection Agency）也在这样的背景下成立起来。

《寂静的春天》的影响迅速超出美国本土。1963 年，英国上议院多次提到卡逊和《寂静的春天》，并推动了对杀虫剂的使用限制。同年，《寂静的春天》被译为法语、德语、意大利语、丹麦语、瑞典语、挪威语、芬兰语、荷兰语在各国发行。

卡逊的观点 1963 年就传入中国。《人民日报》引述她的观点："据美国生物学家蕾彻尔·卡逊说，在农业中滥用化学剂不仅对树木是个威

---

〔1〕参见梅雪芹、陈祥、刘宏焘等：《直面危机：社会发展与环境保护》，中国科学技术出版社 2014 年版，第 153 页。

胁，而且对鸟、牲畜，甚至对人也是个威胁。"[1]这可能是卡逊的观点为中国人所知的较早例子。

三、尼克松政府对环境议题的强调

随着《寂静的春天》的出版，一场席卷美国并影响世界的现代环境保护运动迅速发展。环保话题成为当时最流行的话题之一，也成为美国国内政治的主题。新当选的美国总统尼克松将环境议题作为新政府的内外政策的重点领域。尼克松就职演说中的环境主题引起了中国领导人的关注。

1968年，环境议题成为美国大选的主要内容。胜选的尼克松成立了若干过渡时期工作组，并邀请美国环保组织"保护基金会"（The Conservation Fund）主席、著名的环保人士罗素·崔恩担任"自然资源与环境工作组"的执行主席。

1968年12月5日，选举后一个月，崔恩领导的自然资源与环境工作小组，在审慎评估了美国当时面临的环境问题形势后，向尼克松提交了一份对策报告，这就是著名的"崔恩小组工作报告"。

该报告首先根据大量民意测验结果，向尼克松提出环境议题的重要性，认为环境问题应在新政府施政纲领中居于高度优先地位，因为它已经成为保持和改善环境质量的大工程。其次，报告为避免落入窠臼，没有把需要改善的方面一一列出，而是划定两大领域，建议新政府立刻采取行动。一个领域是提高环保执法效率，确保执法资金充分供给，为此建议白宫设立相关部门主管环保事务，而总统应任命环境事务专员负责该部门的工作，同时重新规划现有政府机构。另一个领

---

[1]《就关于越南问题的日内瓦协议签订后九年来美国在越南南方进行"特种战争"越南民主共和国外交部发表的备忘录》,《人民日报》1963年7月19日。

域涉及环境外交，"崔恩小组"在报告中极具前瞻性地指出："环境问题的存在为美国在国际舞台上提出新建议和争取国际领导权创造了条件。"

"崔恩小组工作报告"代表了尼克松领导下的政府对环保议题的基本态度，甚至可以被视为其政府的环保主义宣言。美国当时面临的环境问题以及公众对该问题的高度关注，只能通过政治手段去解决，而工作组提出的建议中肯且可操作性强，所有的建议均在总统权限范围之内，并未涉及立法等领域的问题。根据"崔恩小组工作报告"的建议，尼克松决定将环境议题纳入政府工作范围。[1] 1969 年 1 月 20 日，尼克松正式就任美国第 37 任总统，他在就职演说中明确宣布把环境保护纳入施政纲领。

就在理查德·尼克松宣誓就任美国总统，并发表就职演说的时候，太平洋彼岸的中国领导人也在密切关注着美国的行动。

《人民日报》《红旗》杂志以评论员的名义，发表了一篇《走投无路的自供状——评尼克松的"就职演说"和苏修叛徒集团的无耻捧场》的文章。毛泽东认为可用，但指示应同时发表尼克松就职演说的全文。就这样，1969 年 1 月 28 日《人民日报》第 1 版发表了《人民日报》《红旗》杂志评论员文章，第 5 版下方转第 6 版下方刊载了《一篇绝妙的反面教材——美帝新头目尼克松的"就职演说"》。

尼克松的就职演说不长，其中关于国际关系的表述引起了中央的高度重视。尼克松在就职演说中坦陈："在经历了一个对抗的时期之后，我们正在进入谈判的时代。"这对中美关系的改变释放了重要信号。

---

[1] J. Brooks Flippen, *Nixon and the Environment*, New Mexico: University of New Mexico, 2000, p.22; Russell Train, *Politics, Pollution, and Pandas: An Environmental Memoir*, Washington: Island Press/ Shearwater Books, 2003, p.4.

周恩来读书报时十分认真，这一重大信号自然逃不过他的关注。但是，周恩来也对尼克松就职演说中关于国内任务的一段话提出了疑问。

这段话是：

> 为了实现我们的充分就业、改善住房和良好教育的目标，为了改建我们的城市和改进我们的农村地区，为了保护我们的环境和提高生活质量——为了所有这些和更多的事情，我们一定要赶紧奋力前进。

周恩来问身边的工作人员，"保护环境"是什么意思？环境是客观的，为什么要保护？当时，他身边的工作人员也不了解，而"文化大革命"开始后科研单位、大专院校工作陷入停顿，大量科技人员下放到地方劳动，没有条件回答周恩来的关切。为此，周恩来指示中共中央调查部的研究局从近年的国外书报杂志中选译与环境保护有关的材料，进行整理编辑。

此时，与中国一衣带水的近邻日本环境污染严重，被称为"公害列岛"。"国外八大公害事件"中有一半发生在日本。"公害"一词最早见于1896年日本颁布的《河川法》。当时主要是指河流的被侵蚀、妨碍航行等危害。第二次世界大战后，由于大规模石油化工联合企业的生产活动和农药的广泛使用，公害成为20世纪60年代日本突出的社会问题和经济问题。

1970年3月9日—12日，联合国教育、科学及文化组织的外围团体"国际社会科学评议会"的公害问题特别委员会，在日本东京召开了第一次关于环境污染的跨学界的国际研讨会——"关于公害问题国际座谈会"。

　　座谈会的召集人是日本著名的"官厅经济学家"、日本环境经济学的奠基人、一桥大学的都留重人教授。这次座谈会有 13 个国家 42 位社会科学工作者参加。在这次座谈会上，苏联的谢苗诺夫代表发表了《科学的城市规划下社会主义城市环境中的人》的论文，认为资本主义制度是产生公害的原因，而苏联作为社会主义国家实行计划经济能够采取有效的防止公害的对策。他的观点遭到了以美国为代表的西方科学家的驳斥。后来，美国学者还撰写了一本名为《进步的代价》的专著，专门揭露苏联的环境污染问题。

　　与苏联不同，中国共产党领导的中华人民共和国却在环境保护领域得到了当时西方媒体的推崇。1971 年，瑞典《快报》刊登了记者博·贡纳尔森从东京发来的一则消息，称中国是世界各国环境保护最好的国家。

　　当时，西方认为是大规模的工业化生产带来了环境污染，而认为像中国这样的农业国，由于缺乏工业，是不会有污染的。甚至直到1975 年，美国学者还认为中国是"幸运"的，"她五分之四以上的人口居住在农村地区，那里人口密度低和主要从事农业活动，因此环境问题比较容易处理。中国'幸运'的是，她并没有一个对环境造成如此严重危害的富裕的经济，而是只有一个简朴的经济"[1]。这一方面是由于当时中国处于以美国为代表的西方国家发动的冷战的包围之下，信

---

[1] Leo A. Orleans, "China's Environomics: Backing Into Ecological Leadership in Congressional Joint Economic Committee", *China: A Reassessment of the Economy*, U.S. Government Printing Office, Washington, 1975, pp.116-145；中文译文参见美国国会联合经济委员会（Congressional Joint Economic Committee）编：《对中国经济的重新估计》上册，北京对外贸易学院等译，中国财政经济出版社 1977 年版，第 273—274 页。

息上的隔绝让人们无法了解中国工业化建设的成就。另一方面，中国在处理工业污染领域，以"三废"综合利用为代表的环境政策和环境实践确实引起了世界各国的关注与赞赏，特别是日本学者曾大量介绍中国的"三废"综合利用经验。

第二节　国际格局转化下中国环境话语的转变

周恩来从1970年开始不断利用各种场合讲资本主义的污染和公害问题及其预防，强调"三废"综合利用的重要意义。

1970年6月26日，周恩来在接见卫生部军管会负责同志时讲：卫生系统要关心人民健康，特别是对污水、污气，这两种容易污染。美苏的核讹诈是吓人的。原子核武器试验都污染不了多少。平常情况下的污水、污气要严重得多。前几天接见几个日本留学生（《苏联是社会主义吗？》一书作者），他们说，日本不但陆上污水多，海边污水也多，不少地方的鱼都死了。美国有的内河完全污染了。主席讲，预防为主，要包括空气和水。要综合利用，把废气、废水都回收利用。卫生部要想办法把污水、污气解决。资本主义国家不搞，我们社会主义国家要搞。如果污水、污气都解决了，人民的身体健康了，就什么财富都可以创造。这是多么大的财富啊！从卫生观点看，必须解决。我看最大的灾祸是污水、污气，其次是车祸。听说美国车祸死亡的人数，超过美国在越南战争中死亡的人数。何必搞那么多汽车？我看自行车多一点有好处，这是很大的健康。

1970年8月2日，周恩来又叮嘱卫生部：要消灭废水、废气对城市的危害，并使其变为有利的东西。日本近海鱼虾都死了。原子弹并不可怕，实际上真正危害人民健康的是长期的慢性危害。如何搞好"三废"的回收利用，要搞出规划，会同有关部门，二年半要搞出成绩。

1970 年 8 月 7 日，周恩来与全国轻工业抓革命、促生产座谈会代表谈话时又强调：资本主义国家小汽车多，排出来污染了空气。原子弹污染一下就跑掉了，这个则是天天有，像美国洛杉矶，那么多小汽车，人呼吸那个污染了的空气容易生肺病。……废液是个大问题，要搞回收，综合利用。不然，让废液流掉可惜。废气能污染呼吸道，废液能把人害死。发展大工业、小工业，都要注意，变有害为有利。否则，很容易把水污染了。废水污染很严重。美国和加拿大交界处的几个湖，据说完全成了死湖，鱼都死了。日本炼油，还有别的东西——它是资本主义的第二个工业国了，污染也很厉害。原子弹的玷污是暂时的，工业上的污染则是天天有。综合利用就变害为利。没有不可利用的东西。但是资本家怕投资多，利润少。我们社会主义就是要讲综合利用，废物利用。轻工业不能危害人民，要造福于人民。如果你们污染了空气，唯你们是问。你们年轻人要学习，要抓这项工作。现在给你们加一条，要搞综合利用；不仅要搞轻工业，还要搞冶金、化工。要把你们逼上去，逼上"梁山"！

也许是对资料中关于"水俣事件"中汞中毒病人的形象印象过于深刻，1970 年 11 月 5 日，周恩来对北京市负责人提出要求：中国人现在大、小便中，有无排出汞来？每天吃进多少汞？排出多少汞？要对北京地区水源、河水、自来水、西山、玉泉山的水都应化验，有无汞和其他有害物质等。作实验后，再写个报告。根据周恩来的指示，北京市从 1970 年 11 月开始，动员了 7 个卫生、城建单位开展环境污染调查。这也是北京地区环境污染调查的开端。

一、日本记者的公害讲座

1970 年 12 月 6 日，日本社会党前委员长浅沼稻次郎的遗孀浅沼享子到中国访问，一行中的一位记者成为"文革"期间第一位系统向中国高层介绍日本公害的外国人。

浅沼稻次郎是日本著名的政治家，日本社会党领导人。1924 年 4 月，他就因为参与足尾铜矿罢工被捕入狱。日本足尾铜矿是日本近代公害的代表，随着足尾铜矿的发展，矿毒流入渡良濑川，造成严重灾害，鱼死，田地荒废。河流两岸被害农民要求停止开采铜矿，进行请愿。即使直接上书当时的明治天皇也没能彻底解决。被捕后，浅沼稻次郎被判处 5 个月的徒刑，这使刚刚从早稻田大学毕业的他更加深刻地认识到资本主义和军国主义对人民的压迫，进一步促使他为人民的权利而呼喊。1925 年 12 月，浅沼稻次郎当选为农民劳动党书记长。1926 年 12 月，浅沼稻次郎任日本劳农党组织部长。1945 年 11 月，浅沼稻次郎当选日本社会党中央执行委员兼组织部长，1955 年当选日本社会党书记长。浅沼稻次郎反对"日美安保条约"，在中日建交前就多次率团访问中国。1957 年 2 月，岸信介当上日本首相后，推行极端敌视中国的政策，导致 20 世纪 50 年代后期中日关系的大幅度逆转。日本社会党表示要尽一切力量争取早日恢复中日邦交。1957 年，浅沼稻次郎率社会党亲善使节团访问中国，并同中国人民外交学会签署了以促进恢复日中邦交、反对制造"两个中国"阴谋为主要内容的共同声明。1959 年 3 月，日本社会党委员长浅沼稻次郎率代表团访问中国，中国领导人接见了代表团。浅沼稻次郎在一次演讲中提出了著名的"美帝国主义是中日两国人民的共同敌人"的口号。浅沼稻次郎的讲话引起日本政府的强烈不满，却赢得了中日两国人民的高度评价。

回国后，浅沼稻次郎一直努力推动中日恢复邦交，1960 年 10 月 12 日，他在东京日比谷公会堂发表演说时，被右翼分子山口二矢刺杀，成为战后第一个被杀害的日本政治家。[1]

中国人民不会忘记自己的老朋友。1970 年 10 月 12 日，北京召开了"纪念日本社会党前委员长浅沼稻次郎先生遇害十周年大会"，周恩来出席，全国人大常委会副委员长、中日友好协会名誉会长郭沫若发表了讲话。[2]12 月 6 日，周恩来热情接待了日本社会党前委员长浅沼稻次郎的遗孀浅沼享子一行。周恩来说，中国战后二十五年来，一直坚持中日友好，促进恢复邦交，希望在和平共处五项原则的基础上达成和平共处的协议。如能达成，不仅对中日两国人民有利，对亚洲人民和世界人民也都有利。

周恩来总理在接见日本客人的时候，了解到随行的浅沼享子的女婿中野纪邦是日本富士电视台专门报道公害问题的记者，就对他说，我要向你请教环境保护方面的问题。当天晚上，周恩来总理特意约中野纪邦，作了长时间的谈话，请他详细介绍了日本公害的发展和危害的情况，以及采取的一些对策。谈话后的第二天，周恩来总理就指示国家计委要举行一次报告会，让这位日本记者来讲一讲日本的公害问题。周恩来总理还叮嘱，除了请一些有关的科学技术人员来听这个课之外，党政军各部一二把手和国家机关的主要负责人，也都要来听这位记者对公害情况的介绍。

在落实周恩来总理的要求时，对外友协出面邀请日本记者中野纪邦。但国家计委的同志在贯彻总理指示的过程中遇到了难题：让一些

---

[1] 参见朱庭光主编：《外国历史名人传·现代部分》（下），重庆出版社 1984 年版，第 425—432 页。

[2] 参见《首都集会纪念浅沼稻次郎遇害十周年》，《人民日报》1970 年 10 月 13 日。

部委的军代表和部长来听一个外国记者讲话，有些领导人感到接受不了，国家计委的同志又不敢跟总理说，不听又怕总理怪罪。怎么办呢？于是只好想了个变通的办法：坐在北京饭店小礼堂直接听日本记者讲座的都是技术人员，中间拉根线到旁边的会议室，摆个喇叭，请部长们在会议室里听。

中野纪邦介绍了熊本的"水俣病"、富山的"骨痛病"、四日市的"气喘病"，介绍了日本东京湾污染严重，海水中各种有毒化学物质很多以至有人可以用东京湾的水成功地洗照片，还介绍了日本公害最严重的工业系统和工业毒物。他说道，引起污染现象最严重的工厂是石油联合企业、大型化学联合企业、钢铁企业、造船厂、炼焦厂。水银、镉以及其他重金属含量虽然很小，但危害程度是比较严重的，此外汽车泛滥排出大量废气，引发新的公害。中野纪邦在座谈会上强调，日本是资本主义国家，尽管公害严重，但工厂都不愿承担责任。由于每家工厂都不肯承担责任，相互推卸，导致四日市不可避免地发生"气喘病"。他还结合自己在中国的参观体验，赞扬中国的"三废"综合利用。座谈会上，他还回答了中国技术人员提出的关于公害对水生物危害等相关问题。中野纪邦的这次公害座谈会是"文化大革命"期间第一次由外国人向高层领导全面介绍公害和环境保护问题。[1]

座谈会结束后，周恩来总理问大家听懂了没有，还要求进行分组讨论，讨论的情况要向他汇报。在那个时候，"文化大革命"弄得他日夜奔忙，很多事情都顾不上了，但周恩来总理对环境保护这个事情特别认真，抓住不放。国家计委组织听课的人进行了分组讨论。讨论之后向总理写了一份报告，汇报了讨论的情况。总理对报告作了批示，

---

〔1〕参见曲格平、彭近新主编：《环境觉醒——人类环境会议和中国第一次环境保护会议》，中国环境科学出版社2010年版，第489—491页。

要求把这个文件发给出席全国计划会议的代表。国家计委遵照执行。这是在新中国历史上最早的一份关于环境保护的文件。[1]

二、中国环境话语的转变

自从日本记者的公害座谈会后，周恩来总理进一步强调公害防治的重要性。1970 年 12 月 26 日，周恩来在接见中联部、总参二部、农林部、外交部有关同志时讲：

> 我们的淡水鱼占三分之一，工业污染问题不解决，将来就没有鱼吃了。要把这个问题作为专门一项在计划会议上提出来。
>
> 一位英国朋友说，我们的广州，空气污染很厉害了。广州煤本来不多，现在很多。北京改进了锅炉，把烟煤中有害东西都吸收，这并不难。过去伦敦的烟雾最多，现在比纽约少。在美国，汽油也是滥用，煤也滥用；美国是大少爷，没什么底子，是暴发户。日本也是这样，战后畸形发展。
>
> 我们可不要做超级大国，不能不顾一切，要为后代着想。对我们来说工业公害是个新课题。工业化一搞起来，这个问题就大了。农林部应该把这个问题提出来，农林又要空气，又要水。卫生部要预防为主，可以由农林部、卫生部两个部提出来。[2]

---

[1] 参见李仁臣主编：《天道曲如弓——新闻视角下的曲格平》，中国环境科学出版社 2014 年版，第 36 页。

[2]《接见中联部、总参二部、农林部、外交部有关同志讲话摘录》（1970 年 12 月 26 日），载曲格平、彭近新主编：《环境觉醒——人类环境会议和中国第一次环境保护会议》，中国环境科学出版社 2010 年版，第 465 页。

周恩来在谈话中强调的就是要为后代着想，注意研究解决工业公害这个新课题。紧接着，1971年2月6日，周恩来又在接见全国中西医结合工作会议代表和全国中草药新医疗法展览会工作人员时讲道：

> 你是厂矿医院的（吉林化工医院医生），为全市人民服务，送医、送药上门。你是吉林市的，有多少医务人员？（张景祥答：五百三十八人）。化工区人口有多少？（张景祥答：十四万）。公害研究了没有？（张景祥答：有一个职业科现在下厂搞防护、化学密闭）。

> 徐今强同志（作者按：徐当时是燃料化学工业部副部长）你们化工的公害问题最大，这是医学上的问题，世界上的课题。后起的工业化国家，不能走老路；燃料化工部，煤炭、石油、化工都归你，乌烟瘴气就在你那里，废水、废气、废油，你们年轻人要好好研究一下。现在日本的内水，鱼就不多了；日本的琵琶湖，在西京都，过去山清水秀，像我们的太湖，据说现在像臭水塘，鱼没有了，水是黑的。日本没有石油，从中东运来，在沿海办炼油厂，把沿海的水都弄脏了，只有到远海打鱼。这将是一个新课题。计划会议没有请卫生部是个错误。你们也没有争取。这次都把他们请来了，向你们学习。公害与冶金部有关，化工部最厉害。你们（吉林化工医院）为群众服务精神好，把防治汞、苯、铅的办法研究出来，树立一面红旗，要把为人民服务的精神扩大为为整个无产阶级服务。不要单纯治病，而要从预防公害问题着手。凡是工业化国家，都发现有这个问题。美国、日本、英国、意大

利、德国好一些，苏联不知怎样？整个多瑙河都是黑的……[1]

周恩来在讲话中以发达国家作为反面典型，提醒后起的工业国家不能走老路。当时在"文革"冲击下，经济战线受到严重冲击，中国一度停止了计划的制订和执行。在备战号召下，"抓革命，促生产"又导致经济过热和严重浪费。在这样的背景下，全国计划会议终于得以召开。

1971 年 2 月 15 日，周恩来在与全国计划会议部分代表会面时，强调要积极消除污染危害，变"三害"为"三利"。他讲道：

看到成绩要想到今后的"四五"计划如何着手，这样才能节约，才能综合利用，变害为利。现在公害已成为世界的大问题。废水、废气、废渣对美国危害很大；尼克松政府不仅在政治斗争上失掉了主动权，对自然斗争也无可奈何。这种斗争，资本主义国家是解决不了的，美国、日本都根除不了。日本最大的琵琶湖污染了，近海都无鱼，非到外海打鱼不可。我们要除"三害"，非搞综合利用不可。我们要积极除害，变"三害"为"三利"，要搞净化，使跑出来的废气不致污染空气。听说沈阳在这方面搞得不错，抚顺如能净化，搞好了，贡献就更大了，做个样板嘛！所有工厂都来做，在世界上做个先进！苏联认为他们地面大，不要紧；但实际上已经污染了。我们不要认为不要紧，不能再等，要在"四五"期间解决综合利用问题。上海已经做了，但还不够。这是

---

[1]《接见全国中西医结合工作会议代表和全国中草药新医疗法展览会工作人员讲话》（1971 年 2 月 6 日），载曲格平、彭近新主编：《环境觉醒——人类环境会议和中国第一次环境保护会议》，中国环境科学出版社 2010 年版，第 465—466 页。

帝国主义留下来的，以后搞炼油厂把废气统统利用起来，煤也是一样，各种矿石都要搞综合利用。这就需要动脑筋，要请教工人，发动群众讨论，要一个工厂一个工厂地落实解决。每个项目，每一个问题，要先抓三分之一，抓出样板，大家来学。70 年代，我们能够解决这个问题，为劳动人民，为后代着想。在精神领域、物质领域，我们都要作出样板。做起来矛盾也还会有，实际困难也不少，要一个个解决。〔1〕

周恩来又进一步发展了对公害的认识并进而摆脱了污染的意识形态外衣，为污染治理开辟了道路，并在此基础上将污染治理提高到路线斗争的高度。

1971 年 4 月 5 日，在交通会议上，周恩来讲道：

全国计划会议讲到"三废"公害问题。在经济建设中要遇到公害，废气、废水、废渣不解决，就会成为公害。资本主义发达的美国、日本、英国公害很严重。我们要认识到在经济发展中会遇到这个问题，要采取措施解决。〔2〕

1971 年 4 月 20 日，在听取江汉油田汇报时，周恩来指出：

---

〔1〕《接见全国计划会议部分代表讲话》（1971 年 2 月 15 日），载曲格平、彭近新主编：《环境觉醒——人类环境会议和中国第一次环境保护会议》，中国环境科学出版社 2010 年版，第 466 页。

〔2〕《在交通会议的讲话》（1971 年 4 月 5 日），载曲格平、彭近新主编：《环境觉醒——人类环境会议和中国第一次环境保护会议》，中国环境科学出版社 2010 年版，第 467 页。

要搞综合利用，烧原油把好的东西都烧掉了。"三害"害死人。搞的好不好，关键在你们燃化部。燃化部是有功绩的，但是在这个问题上，如果不按主席思想办事，不按主席路线办事，就要被打倒。污染是个大问题，要一开始就解决，不然就是不顾人民死活，搞得好是马克思列宁主义，搞不好就是走资派，到处放毒。捷克有个城市，污染很严重，学生在城市呆不下去，每年要拉到野外去换空气，不然要生病。这个问题值得我们重视。现在美国、东洋都解决不了这个问题，这是社会制度决定的，他们是为了赚钱，不顾人民死活，我们不注意不行。[1]

周恩来没有像过去的话语将公害简单地与资本主义制度联系起来，而是与经济建设联系，即经济建设就会产生公害，资本主义与社会主义的不同在于社会主义从人民的利益出发，能治理好公害带来的污染问题，资本主义为了资本家的利益，无法解决公害带来的污染问题。由此，是否治理公害成为资本主义与社会主义的路线之争。在当时，这已经是政治动员的最高形式了。

至此，困扰污染防治的意识形态枷锁被突破了。面对污染问题在"文革"中的意识形态化，周恩来引入日文的"公害"一词，将"三废"与公害的产生分离，即污染物与污染后果相剥离，塑造新的污染防治话语，即经济建设会产生"三废"，"三废"处理不好会形成公害，资本主义国家由于为资本家利益服务无法根治公害，社会主义国家从人民的利益出发，应该而且也能够处理好"三废"带来的公害。毛主席

---

[1]《在听取江汉油田汇报时的指示》（1971年4月20日），载曲格平、彭近新主编：《环境觉醒——人类环境会议和中国第一次环境保护会议》，中国环境科学出版社2010年版，第467页。

早就提出了"三废"综合利用，目前出现污染现象是没有按毛主席的指示办事造成的。因此，治理污染和开展"三废"综合利用是社会主义道路的必然要求。由此，周恩来通过引入"公害"，在继承中国已有"三废"综合利用的基础上，在不与既有意识形态矛盾的前提下，巧妙地使污染防治摆脱了意识形态的枷锁，并将污染防治与"三废"综合利用的重要性提高到路线问题上来，从而极大地促进了污染防治与"三废"综合利用的开展。从此，污染防治与"三废"综合利用名正言顺地进入中国政府的公共政策领域。

1971年9月7日，《人民日报》头版全文转载《红旗》杂志1971年第10期刊登的《综合利用要兴利除害》。这篇署名为华庆源的文章开宗明义指出：

> 随着工业的发展，工厂越来越多，排出的废水、废气、废渣（简称"三废"），成为许多国家迫切需要解决的严重问题。在资本主义制度下，由于资本家追逐高额利润和生产的严重无政府状态，造成大量"三废"污染空气，毒化江河，侵占农田，影响人民健康，破坏水产资源，危害农业生产。在美国、日本和许多资本主义国家，已经成为无法克服的社会公害，成为统治阶级无法解决的政治难题，越来越引起劳动人民的不满和反抗。这种公害，要到资本主义制度根本改变之日，才有可能除掉，在资本主义制度改变之前是不可能根本解决的。只有我们这样"一切从人民的利益出发"的无产阶级专政的国家，依靠党的集中领导和人民群众的创造精神，充分发挥社会主义制度的优越性，才可能预先防止和及时解决这个

问题。[1]

这篇文章标志着环境问题摆脱了意识形态枷锁的束缚，进入中国的公众舆论领域。这篇文章，也引起了大洋彼岸的关注。关注这篇文章的就是尼克松总统在环境领域所倚重的崔恩。

三、美方力邀中国参加联合国人类环境大会

这个崔恩就是上文提到的尼克松当选后委任的自然资源与环境工作小组（即"崔恩小组"）的负责人。"崔恩小组"决定了尼克松政府的环境政策，并影响了尼克松总统的就职演说，其中关于保护环境的内容引起了周恩来的注意。此时，崔恩已经是尼克松总统内阁环境质量委员会的主席（Chairman of the Council on Environmental Quality），他敏锐地察觉到中国对于环境问题态度的转变，并与基辛格、白宫及相关部门配合制定了邀请中国参与联合国人类环境会议以及与中国进行环境保护合作的战略政策。

1968年，联合国大会第23届会议通过第2398（XXIII）号决议，决定召开人类环境会议。由于起初美国政府并没有对这次会议投入太多关注，崔恩主席上书国务院，建议美国政府全力支持1972年的联合国人类环境会议。[2]在崔恩的劝说下，美国政府为1972年联合国人类大会开始游说各国。苏联政府计划利用这个机会，迫使美国接受东德（德意志民主共和国）并变相使联合国承认东德。而随着会期的临近，

---

[1] 华庆源：《综合利用要兴利除害》，《人民日报》1971年9月17日。
[2] "Foreign Relations of the United States, 1969-1976", Volume E-1, *Documents on Global Issues, 1969-1972*, Document 288. Letter From the Acting Secretary of the Interior (Train) to Under Secretary of State (Richardson).

1971 年 4 月—6 月，苏联在多种场合通过多种渠道明确表示，如果联合国人类大会不邀请东德，苏联将率领苏东集团抵制此次会议。美国面临两难选择，如果不邀请东德，则苏东集团会抵制此次会议，联合国人类环境大会将名不副实。如果苏联得逞，则美国在欧洲的盟友将不会接受，美国的盟友关系将受到损害，而盟友关系是尼克松实施战略收缩所最倚重的力量。[1]

此时，基辛格已经完成了秘密访华的使命，国际格局即将面临结构性变化。在崔恩、国务院和白宫的筹划下，1971 年 8 月 5 日，白宫为基辛格准备了一份题为《美国支持邀请中华人民共和国出席 1972 年斯德哥尔摩人类环境会议》的备忘录。

备忘录开宗明义地指出：第 26 届联合国大会将几乎肯定会决定中华人民共和国在联合国的代表权问题，为了制定使中国接受出席 1972 年斯德哥尔摩人类环境会议的邀请，特撰写此备忘录。

备忘录分析了 1972 年斯德哥尔摩人类环境会议的邀请情况，认为按照联合国以往的习惯，人类环境会议将邀请联合国成员国和相关专业组织参加会议，这就是通常所说的"维也纳程式"。但是，苏联为了东德加入联合国，计划利用这次会议，以邀请东德参会作为苏东集团参加会议的条件。如果联合国不满足这个条件，苏东国家将会抵制这次会议。而美国已经向西德和重要盟友们保证，除非当时冷战东西方进行的柏林谈判和东西德之间的谈判取得成功，否则美国不会接受苏联的条件。美国认为在这个时机邀请中国参加 1972 年斯德哥尔摩人类环境会议将有力地挫败苏联将东德纳入会议的企图。

---

[1] "Foreign Relations of the United States, 1969-1976", Volume E-1, *Documents on Global Issues, 1969-1972*, Document 310. Intelligence Note RSGN-16 Prepared by the Bureau of Intelligence and Research.

为了使中国接受1972年斯德哥尔摩人类环境会议的邀请，白宫针对三种可能性制定了多套方案。方案一：如果中华人民共和国没有获得任何一种形式的联合国代表权，那么美国将支持瑞典政府出面邀请中华人民共和国参会。方案二：如果中华人民共和国恢复了联合国代表权，台湾当局主动离开联合国，那么联合国就可以利用传统的方式，即"维也纳程式"，顺理成章地邀请中华人民共和国参加1972年斯德哥尔摩人类环境会议。而且通过这种方式也可以顺其自然拒绝东德的申请。方案三：如果中华人民共和国恢复了联合国代表权，但台湾当局仍然留在联合国，形成"双重"代表局面。那么是否参加联合国环境会议取决于中华人民共和国的选择：如果中华人民共和国接受了在联合国的席位，那么联合国仍然通过"维也纳程式"邀请中华人民共和国参会；如果中华人民共和国不接受其联合国席位，则由联合国条法局（UN Legal Office）要求中华人民共和国作为联合国成员国接受会议邀请。为此，美国又准备了：（1）通过联合国决议邀请联合国成员国参加会议，从而实现邀请中国参会并阻止东德参会的目标；（2）通过联合国决议单独邀请中华人民共和国参会而不邀请东德；（3）邀请"所有国家"并抵制任何其他国家提出的可能使东德参会的建议或提案；（4）由瑞典政府直接出面邀请中华人民共和国参加联合国人类环境会议。[1]

也就是说，在第26届联大尚未对中华人民共和国在联合国的代表权问题作出表决前，美国出于自身战略利益的考量，已经确定无论第

---

[1] "Foreign Relations of the United States, 1969-1976", VOLUME E-1, *Documents on Global Issues*, Document 309. Memorandum From the Executive Secretary of the Department of State (Eliot) to the President's Assistant for National Security Affairs (Kissinger).

26 届联大就中华人民共和国的联合国代表权表决的结果如何，美国一定要邀请中华人民共和国出席 1972 年斯德哥尔摩人类环境会议。美国希望以邀请中华人民共和国参会来抵制苏东集团借联合国人类环境会议之机使国际社会接受东德的企图。

四、中美缓和中的环境议题

由于观察到 1970 年以来中国对公害的关注，从基辛格第二次访华开始，美方加入了环境议题。环境议题逐渐成为中美两国沟通中的一个重要话题。

1971 年 10 月 20 日—26 日，美国总统国家安全事务助理基辛格再次来华，为尼克松总统访华作具体安排。基辛格向周总理提出讨论中美科技文化交流问题，并说，美方主谈人为"国务院亚洲共产党事务司"司长艾尔弗雷德·詹金斯（以下简称詹），助手为"国家安全委员会高级成员"约翰·霍尔德里奇（以下简称霍），记录为朱利恩·皮诺。周总理临时指定熊向晖为中方主谈人（以下简称熊），助手为外交部欧美司处级干部钱大镛，译员沈若芸，记录员马杰先。事后，外交部印发了《熊向晖同詹金斯会谈记录》（据詹说，美方记录存国务院）。会谈时熊向晖做了笔记，以下是其中一部分：

> 詹：刚才我提到你们在治疗大面积烧伤和断肢再植技术上取得的显著成就。现在我要提到中华人民共和国走在科技前列的另一领域，我们注意到，周恩来总理关心环境保护和地球自然生态学的问题。这是当今许多国家探讨的主要问题。美国深刻认识到，工业高度发达的国家负有特殊的责任来尽力减少公害以及对环境的不利影响。

熊：我记得尼克松总统在就职演说中就提到保护环境。

詹：对这个问题，我们两国领导人都公开表示关注。我们知道，周总理多次讲过这个问题。

熊：日本的环境不比美国好，公害更严重。

霍：严重得多。

熊：日本很多有名的湖，例如琵琶湖，湖里的鱼都没有了。据说，在欧洲，多瑙河的鱼也不多了。

霍：这是许多原因造成的，主要是：人口众多，工业集中。这是社会问题。

熊：我认为这是社会制度问题，但我不想同你争论这个问题。

詹：我们同意不争论。但我要说，中华人民共和国在回收和利用废料方面——包括回收和利用工业废料以及社会上的生活废料，已为其他国家做出了杰出的榜样。

熊：我们提倡利用"三废"——废气、废水、废料。

詹：我读过你们的一些文章，得到很深的印象。防止空气和水的污染，回收和利用废料，这些问题和公共卫生工程同等重要。我们对这些方面很感兴趣。我们相信，你们在这些方面可以帮助我们。我们希望可以互相帮助，我们准备向你们提供美国环境问题的性质和广度的资料。我们两国都有很长的海岸线，美国在海洋科学方面取得了相当成就。

熊：美国两边都是大洋，海岸线比我们的长得多。

詹：但你们捕的鱼比我们多。

熊：那是由于你们有公害。

詹：希望你们帮助我们治理公害。我们西海岸的三个著名海洋研究所准备接待中国海洋学家和海洋科学家，就共同感兴趣的问题进行讨论。[1]

　　美方向中方明确释放了希望在环境领域加强两国合作的意图。1971 年 11 月 12 日，尼克松总统又通过国家安全事务主管基辛格博士要求国务院、国防部和中情局研判与中国在联合国及其相关机构中开展环境外交的可能性和渠道。[2]美国一部分官员却认为中国在联合国及其相关机构缺乏经验，难以在环境外交领域有大的作为。[3]

　　针对这种情况，崔恩提出了相反的意见，认为当下正是与中国开展环境合作的最好时机。

　　1972 年 1 月 2 日，崔恩亲自给基辛格撰写了一份题为《总统的中国之旅：与中国开展环境合作的机会》备忘录。

　　备忘录开宗明义地提出，现在很明显，中美两国政府之间开展环境合作还为时尚早，但是在科学团体或大学之间开展非官方的环境合作机会却很多。我们认为应在这些领域积极拓展。就在最近，1971 年的 9 月，北京首要的政治类刊物《红旗》杂志上发表了一篇文章（即前引华庆源的文章），提出了对工业废料回收工作不到位的批评并号召在工业废料回收领域的改进工作。中国在污染治理中强调"自力更生"。考虑到工业污染相关的企业可能涉及国家机密，而且中国的宣传认为计划经济可以解决工业污染问题。这种情况使得中国并不容易在污染防治领域与外国政府或机构达成合作。然而，尽管如此，我们相

---

〔1〕熊向晖：《我的情报与外交生涯》，中信出版社 2019 年版，第 578—579 页。
〔2〕"Foreign Relations of the United States, 1969–1976", Volume XVII, *china, 1969–1972*, Document 171. National Security Study Memorandum 1411.
〔3〕"Foreign Relations of the United States, 1969–1976", Volume XVII, *china, 1969–1972*, Document 175. Response to NSSM 1411.

信在两或三个对中国不构成侵犯而同样对美国和中国有利的领域仍然有许多技术合作机会。这些领域有：

1. 地震预报

据悉，由于毛泽东的支持，中国科学院地学所开展了密集而多样的地震预报工作。该机构建立了150余个省级地震监测站并由当地科学院地学机构协助运行。虽然中国关于这些领域的研究与其他国家相隔绝，但是中国的科学家们仍然自豪地报道他们的进展并积极地从其他国家学习。综合相关报告显示中国正在致力于建立一个地震监测预测体系。他们的工作显然大幅度超过了我们。

2. 工业废料循环利用

由于缺乏工业原料的环境因素，中国对工业废料的最大化利用特别感兴趣，尤其重视废气、废液、废渣以及工业余热的利用。政府推动了大规模的工业废料的综合利用。

3. 旱地利用和水利

由于中国有大片的干旱区域，中国有可能有兴趣与美国交换关于旱地的盐碱地控制、水土保持和水利工程的相关信息。

4. 生物保护

中国有将近30个物种被列入世界自然和自然资源保护联盟（The International Union for Conservation of Nature and Natural Resources）的濒危动物名录。中国的野生动物中包括许多世界濒危动物。可以就某一个物种展开国际合作，这样既避免触及中国工业的落后，也有益于公开宣传。

备忘录继续指出，环境议题是个相对不具备政治性的议题。在环境议题的早期阶段可以通过私人渠道开展接触。在刚才所涉及的前三个领域，有一系列的大学正在开展积极的研究。许多私人动物保护群体将会对第四项有兴趣。总统的中国之旅将产生良好的影响。如果中国对这些领域感兴趣，我们可以在美国国内指定私人机构与中国开展合作。[1]

基辛格收到备忘录后，感谢崔恩的细致工作并表示在访华期间自己将把崔恩的建议铭记于心。[2]

在美方就尼克松访华作出安排的同时，中方也紧锣密鼓地开展相关安排。

1971 年 9 月《红旗》杂志刊登了《综合利用要兴利除害》的文章后，周恩来在会见外宾的时候也经常提起"三废"综合利用与污染防治话题，并向国际社会展现中国"三废"综合利用与污染防治的成果。

1971 年 10 月 9 日，周恩来陪同埃塞俄比亚皇帝拉西一世参观北京石油化工总厂，期间总理问东方红炼油厂的负责人："你们这没有黑烟？"

厂负责人答："我们还有些废气没用上。"

总理："气都要用上。"

当总理看到胜利化工厂有氧化氮黄烟冒出时，对工人说："你们想办法把黄烟消灭掉，要树雄心，立壮志嘛！"

当总理走到顺丁橡胶聚合釜附近时，又指示说："我刚才看到那里

---

[1] "Foreign Relations of the United States, 1969 – 1976", Volume E – 1, *Documents on Global Issues, 1969 – 1972*, Document 311. Memorandum From Chairman of the Council on Environmental Quality (Train) to the President's Assistant for National Security Affairs (Kissinger).

[2] "Foreign Relations of the United States, 1969 – 1976", Volume E – 1, *Documents on Global Issues, 1969 – 1972*, Document 313. Memorandum From the President's Assistant for National Security Affairs (Kissinger) to the Chairman of the Council on Environmental Quality (Train).

有黄烟冒出来，有毒啊！应当想办法把它消灭。"

厂负责人回答："我们准备将它当燃料烧掉。"

总理："烧掉是下策，放空跑掉是下下策，应当把它综合利用起来。"

随后总理到污水处理场参观了隔油池、曝气池和养鱼池。厂的一个负责人向总理介绍说："这是处理过的污水养的鱼，鱼能养活，说明污水处理过关了。"

总理："你们把这个问题解决了，这是对世界的贡献，这是大问题，要超世界先进水平嘛，这是毛主席的话。"

当参观用污水处理场的水灌溉水稻时，总理再次指示说："你们一定要消灭黄烟，污水处理一定要达到人能喝。只给你们提这两条。"

送走外宾后，总理又指示说："要把污水处理得人能饮用。综合利用是个大问题，要立志超世界先进水平。"

1972年2月，周恩来陪同外宾坐车经过西单路口，看到清泉浴池的烟囱冒着浓浓的黑烟，回去以后，他立即让工作人员打电话转告北京市要把首都的烟尘治理好。总理在与刘西尧的一次谈话时说：北京的烟尘很多，原说北京的空气搞得不错，向大使馆也作了宣传，实际上空气污染很严重。以后不要向外国人随便宣传。要中国科学院抓一下北京的空气污染问题。[1]

1972年2月7日—8日，周恩来召集北京、上海、浙江党政军及有关方面负责人开会，研究部署接待尼克松一行的相关安排。1972年2月12日，北京市革委会召开"消烟除尘"紧急会议，会议决定在尼克松总统访华之前，由市节煤办公室负责，抓紧解决一下锅炉冒黑烟

---

[1] 参见北京市环境保护局《大事记》编写组：《北京市环境保护大事记（1971—1985）》，1986年，第4—5页。

的问题，并随后成立了"消烟除尘组"。[1]从 1972 年起，北京市系统性地开展了"消烟除尘"运动，北京与空气污染的不懈斗争也就此开始。

在中美缓和的过程中，环境议题扮演着重要的角色。美国出于本国战略利益支持中国参与联合国人类环境会议，并希望与中国就环境议题展开广泛合作，中国也在环境领域积极作为，环境问题逐步进入中国的外交领域。

第三节　出席联合国人类环境会议的反思

联合国人类环境会议为中国提供了一个国家环保合作的平台、一个了解西方环境保护进展的窗口和一面反思本国环境现状的镜子。同时，"环境保护"一词正式进入我国的公共政策领域。由于联合国邀请具有决策层次的代表团出席联合国大会，我国环境工作首次越出卫生部的部门层次，由国家计委统一协调。联合国人类环境会议后，中国派出了"文化大革命"后第一个科学代表团，系统了解外国环境保护工作的制度、结构和机理，为全国环境保护大会的召开和我国环境保护体制的建立提供了必要的借鉴。

一、联合国人类环境会议的邀请

1971 年 10 月 25 日，第 26 届联合国大会以 76 票赞成、35 票反对、17 票弃权的压倒多数通过了 2758 号决议，决定恢复中华人民共和国在联合国的合法席位。毛泽东主席、周恩来总理批准组成出席该届联大的中国代表团，熊向晖被任命为代表之一。行前，周总理嘱咐

---

[1] 参见北京市环境保护局《大事记》编写组：《北京市环境保护大事记（1971—1985）》，1986 年，第 4 页。

熊向晖相机了解美国的环境污染及治理情况。熊向晖随代表团于 11 月 9 日离京，11 日抵达纽约。

12 月 2 日，联合国环境委员会副秘书长斯特朗会见了中国驻联合国代表团团长乔冠华。斯特朗表示：根据 1968 年联大决议，1972 年 6 月将在瑞典斯德哥尔摩召开研究国家环境污染的会议。该会的重要责任之一是发展中的国家如何合理布局自己的工业，将工农业相结合等。斯特朗说，中国对待环境污染问题的哲学和实践对发展中国家很有意义，因此希望中国能参加这个会议，提供这方面的材料，最好能在会议上作个报告。[1]

12 月 15 日，外交部和卫生部军管会联名向国务院提交《关于参加斯德哥尔摩国际环境污染会议的请示》，表示：不仅联合国邀请，而且东道国瑞典多次表示很希望中国能参加此会。法国和加拿大等对我国参加此会也很感兴趣。鉴于这种情况，同时也考虑新中国成立以来，在发展工业生产中，党和政府十分重视"三废"（废水、废气、废渣）的综合利用，在"兴利除害"方面做了不少工作，取得了一些成绩，体现了我国社会主义制度的优越性。因此，出席此次大会一方面可以扩大我国的影响，另一方面也可以了解一些目前世界各国对解决环境污染的动向，吸取一些对我有益的经验教训。为此，拟派人参加，携带一篇有关我国"三废"综合利用的报告，几篇典型技术材料及几个短篇电影和幻灯片。随后，各地开始向卫生部军管会和外交部报送本地区的"三废"综合利用典型经验。[2]

---

〔1〕参见曲格平、彭近新主编：《环境觉醒——人类环境会议和中国第一次环境保护会议》，中国环境科学出版社 2010 年版，第 203 页。

〔2〕参见曲格平、彭近新主编：《环境觉醒——人类环境会议和中国第一次环境保护会议》，中国环境科学出版社 2010 年版，第 203 页。

二、出席联合国人类环境会议的筹备工作

1971 年 12 月 20 日，联合国大会分别通过了 2849 号和 2850 号决议。1972 年 2 月 24 日，联合国向中国发出了《联合国秘书长就邀请中国参加联合国人类环境会议给中国外交部长的照会》，正式邀请中华人民共和国参加 1972 年 6 月 5 日—16 日在瑞典斯德哥尔摩举行的"联合国人类环境会议"（ United Nation Conference on the Human Environment Conference ）。照会中要求：政府代表团应由制定政策一级的人物组成，包括政治领导人和高级行政官员，辅以较少的对于主要环境问题有广泛接触的技术顾问、经济专家、实际设计者和其他社会科学家，必要时还包括媒体人士。[1]

根据国内和国外的情况，再仅仅由外交部和卫生部军管会负责"联合国人类环境会议"的准备已不合适，周恩来总理提出：环境保护不仅仅是个卫生问题，还涉及国民经济的各个方面，应由综合管理部门组团。[2]经当时的国务院主管副总理统筹考虑，由燃化工业部为主组成代表团，报请周恩来审定。周恩来认为还要加计委同志参加，由当时的计委常务副主任顾明和计委中负责公害问题研究及处理的曲格平参与会议准备工作。[3]至此，"联合国人类环境会议"的准备工作上升到更高的层面，由国家计委、燃化部、卫生部和外交部一起开始了会议的准备工作。

---

[1] 参见曲格平、彭近新主编：《环境觉醒——人类环境会议和中国第一次环境保护会议》，中国环境科学出版社 2010 年版，第 201 页。

[2] 参见曲格平、彭近新主编：《环境觉醒——人类环境会议和中国第一次环境保护会议》，中国环境科学出版社 2010 年版，第 204 页。

[3] 参见顾明：《周总理是我国环保事业的奠基人》，载李琦主编：《在周恩来身边的日子——西花厅工作人员的回忆》，中央文献出版社 1998 年版，第 334 页。

1972 年初，尼克松向国会提出"关于污染问题"的特别咨文，以后又在其对外政策报告中把环境问题作为"外交的新领域"的一个重要方面，并具体提到对联合国人类环境会议的期望。美国建议筹募一亿美元基金，并表示要认捐 40%，同时建议设立专门机构统筹有关环境方面的国际活动。联合国秘书长根据联大的决定，已向联合国及其专门机构的 142 个成员国发出会议邀请。

面对新的形势，国家计委和燃化部从战略的层面考察了这次联合国人类环境会议的主要矛盾和基本特点。

他们首先分析了会议的报名情况：会议报名的国家已有 60 多个，其中主要的西方国家绝大多数均已报名，代表团规模也较大，20 余人至 60 余人不等，其中加拿大代表团 61 人，是人数最多的，美国代表团 55 人，西德代表团 51 人，日本代表团 45 人；亚非拉国家方面，现已报名的有 30 个以上，估计还会有增加；苏联集团一直坚持以东德正式参加会议为条件，对后期的筹备工作拒绝参加。

在准备会议文件的过程中，还有一个重要的问题，那就是 Environment Protection 如何翻译，当时人们只知道"环境卫生"和"环卫工人"，却不知道还有"环境保护"这一概念。对环境问题进行预防和治理，到底应该怎么处理，专家们的意见很不一致。最后，代表团建议照英文直译，就叫"环境保护"。中国人第一次把"环境"和"保护"这两个看起来风马牛不相及的词组合在一起，并进入中国的公文话语体系。[1]

国家计委和燃化部认为：当前国际上关于环境问题，突出地存在着这样四个方面的矛盾。（一）发达国家与发展中国家之间的矛盾。发

[1] 参见李仁臣主编：《天道曲如弓——新闻视角下的曲格平》，中国环境科学出版社 2014 年版，第 212 页。

达国家强调环境保护的要求，发展中国家反对过分要求环境保护以致有损于其国家主权，妨碍其经济发展，反对发达国家变相转嫁环境保护的费用。（二）几个大的发达国家，主要是美国，因其污染邻国和海洋造成国际污染，同受害国家之间的矛盾。（三）美苏两霸的核试验及其核武装活动，对其他国家造成放射污染和威胁。（四）美、英、日、西德、苏联等国国内的环境污染问题都很严重，人民日益不满，矛盾也很突出。

因此，此次联合国人类环境会议虽然表面上是专业会议，有在环境问题上交流经验、寻求国际合作的一面，但实质上必然反映当前国际上的政治斗争，主要是控制与反控制的斗争。另外，一些错误观点、糊涂思想还有一定市场，不少发展中国家对于在环境问题上取得发达国家的技术和财政援助，捞点实惠，还抱有一定幻想。此外，在核试验问题上，也可能有个别国家对中国进行攻击。因此，斗争将是比较复杂的。

针对这些情况，国家计委和燃化部确定了中国参加联合国人类环境会议的原则：随着经济和科学技术的发展，环境问题在国际上和在许多国家内日益引起各方重视。中国代表团出席环境会议，应采取积极的态度，鲜明的立场，面向世界人民，不仅面向亚非拉，也面向资本主义国家深受环境污染、自然资源破坏的危害和威胁的广大人民，支持他们保护环境、改善环境的正义斗争，阐明中国的观点、政策、体会，了解一些情况、经验、技术，争取通过会议进一步推动第三世界独立自主、发展经济、加强团结、反帝反霸的斗争。

国家计委和燃化部认为，中国代表团的具体方针和做法应该是：（一）坚决站在第三世界和全世界人民一边，支持他们反侵略、反掠夺、反控制和反对公害的正义斗争。（二）本着利用矛盾、扩大国际统一战线的方针，同亚非拉国家一起，争取一些中、小发达国家，根据情况集中矛头揭露、打击美苏两霸，即使苏修不参加会议，仍可根据情况，适当揭露。（三）指出环境问题的根源，并阐明只要采取正确的方针、政策，环境问题是可以得到有效解决的，以鼓舞各国人民保护和改善环境的斗争，增加他们的信心。（四）对亚非拉国家的有些错误观点和不切实际的幻想，要多做工作，注意原则性与灵活性相结合，在重大问题上坚持原则，阐明立场，在非原则问题上，适当照顾和支持亚非拉国家。（五）实事求是、恰如其分地介绍、宣传我国有关环境问题的方针、政策和经验，对于针对我国的诬蔑、攻击，坚决予以驳回。[1]

关于核试验与核武器对环境影响的问题，国家计委和燃化部也作出了对策安排。联合国提供的人类环境会议筹委会形成的《人类环境宣言（草案）》第 21 条宣传"人类及其环境必须免受武器，特别是大规模毁灭性武器的进一步试验或在敌对行动中使用的严重影响"[2]，国家计委和燃化部分析，鉴于《人类环境宣言（草案）》及去年联大关于"发展与环境"的决议中均涉及核试验问题，在人类环境会议上，也可有日本等国会提到这个问题。因此，他们决定在核试验与核武器问题上拟采取后发制人办法，在讨论《人类环境宣言》时拟根据中共中央有关文件、文章及乔冠华在第 26 届联大发言，阐明中国立场、政策。如有人就此问题对中国指名攻击，则坚决驳斥，但不与纠缠。[3]

在中国参加联合国人类环境大会的基本原则确立后，国家计委和

---

〔1〕参见曲格平、彭近新主编：《环境觉醒——人类环境会议和中国第一次环境保护会议》，中国环境科学出版社 2010 年版，第 208 页。

〔2〕曲格平、彭近新主编：《环境觉醒——人类环境会议和中国第一次环境保护会议》，中国环境科学出版社 2010 年版，第 190 页。

〔3〕参见曲格平、彭近新主编：《环境觉醒——人类环境会议和中国第一次环境保护会议》，中国环境科学出版社 2010 年版，第 210 页。

燃化部在周恩来总理的指导下，多次讨论撰写并修改我国代表的大会发言，在这一过程中，中国关于环境问题的基本立场逐渐明确起来。

三、出席联合国人类环境会议

1972 年 5 月 16 日，经过一系列紧张而周密的准备，外交部、燃化部向国务院提交了《关于参加人类环境会议代表团人员组成的请示》，提出了中国出席人类环境会议的代表团方案：经外交部与国家计委和有关部门及地区共同协商，代表团拟由国家计委（3 人）、外交部（5 人）、燃化部（4 人）、卫生部（6 人）、冶金部（2 人）、二机部（1 人）、轻工部（2 人）、农林部（1 人）、海洋局（1 人），北京市（3 人）、上海市（2 人）、新华社（1 人），共选派 31 人组成。其中团长、副团长各 1 人，代表 4 人，候补代表 5 人，顾问 6 人，秘书 2 人，随员 4 人，翻译 7 人（英语 5 人，法语和西班牙语各 1 人），新华社记者 1 人。[1]代表团团长由燃化部副部长唐克担任，副团长由国家计委副主任顾明担任。该方案获得国务院批准，出席联合国人类环境会议是中国恢复联合国合法席位后第一次大规模的国际外交场合，中国派出的代表团，人数达到 31 人，成为自中国恢复联合国合法席位后第一个规模庞大的代表团。

该代表团涉及 12 个部门和地区，也集中了未来中国环境保护事业重要的人员与力量。其中代表团副团长顾明后来成为国务院环境保护领导小组副组长；候补代表曲格平则一直致力于中国环境保护事业，担任环境保护局局长并曾任全国人大环境与资源保护委员会主任委员，中华环境保护基金会理事长，1992 年获联合国环境规划署"笹川国际

[1] 参见曲格平、彭近新主编：《环境觉醒——人类环境会议和中国第一次环境保护会议》，中国环境科学出版社 2010 年版，第 204—205 页。

环境奖"；候补代表江小珂后来成为北京市环保局局长，为北京市环境保护和奥运会的环境保障奔走呼吁；随员潘自强从二机部401所助理研究员成长为我国著名的辐射防护和环境保护专家、中国工程院院士，奠定了我国放射性废物安全管理的基础。

1972年5月21日，中国出席联合国人类环境会议代表团正式组成。确定先遣组成员有毕季龙、陈海峰、徐守仁、张万兴、杨全兴、陈健和记者黄彭年。[1] 代表团先遣组计划于5月26日出发。周恩来在代表团临行前叮嘱，要代表团成员们通过这次会议，了解世界环境状况和各国环境问题对经济社会发展的重大影响，并以此作为镜子，认识中国的环境问题。[2]

6月10日，中国代表团团长唐克于11点08分开始发言，11点40分结束。会议开始时到会人数约80人，以后陆续增加，到我国代表团发言时会场代表人数为210人左右，瑞典前首相埃兰德特地到会听取中国代表团的发言，新闻记者席上全部满座。由于事先准备充分，发言的内容体现了发展中国家的基本诉求。发言结束后，全场长时间热烈鼓掌，记者席上也爆发出一片掌声。利比亚、智利、巴基斯坦等许多国家代表到中国代表席位前同中国代表团团长或代表握手表示祝贺。赞比亚代表到中国代表团席位上要发言稿，并说完全同意中国代表的发言，愿意和中国站在一起。下午，大会新闻处服务人员说中国代表团提供的发言稿1400份已全部发完，要求增印。[3]

---

〔1〕参见陈海峰编著：《陈海峰影文集》，《中国医学理论与实践》编辑部2002年，第975页。

〔2〕参见曲格平、彭近新主编：《环境觉醒——人类环境会议和中国第一次环境保护会议》，中国环境科学出版社2010年版，第206页。

〔3〕参见曲格平、彭近新主编：《环境觉醒——人类环境会议和中国第一次环境保护会议》，中国环境科学出版社2010年版，第162页。

中国代表团的发言从三个方面阐述了中国对于环境问题的立场：

（一）人口与环境的关系

中国政府收到了联合国环境会议准备通过的《人类环境宣言（草案）》。这份宣言草案是二十七国宣言起草小组经过一年多来讨价还价后妥协的产物。其内容包括序言和基本原则两部分。序言部分泛论环境问题，但避而不谈问题的实质和根源，反而指责"人口增长速度破坏了保护环境的努力"。

关于人口与环境的关系，20 世纪 50 年代中期，周恩来早就进行过论述。1956 年 11 月 10 日，周恩来在中共八届二中全会的报告中说："要提倡节育。"[1]1970 年，周恩来接见卫生部军管会人员时强调说：不能把计划生育和爱国运动放在一起。计划生育属于国家计划范围，不是卫生问题，而是计划问题。你连人口增加都计划不了，还搞什么国家计划！[2]

在周恩来的指导下，我国代表团团长发言就人口与环境的关系提出了明确的观点：

> 人口增长和人类环境保护的关系问题。我们认为，世间一切事物中，人是第一个可宝贵的。人民群众有无穷无尽的创造力。发展社会生产靠人，创造社会财富靠人，而改善人类环境也要靠人。人类历史证明，生产和科学技术的发展速度，总是超过人口增长速度的。人类对自然资源的开发利用是不断发展的。随着科

[1] 周恩来：《经济建设的几个方针性问题》，载《周恩来经济文选》，中央文献出版社 1993 年版，第 337 页。
[2] 周恩来关于人口和计划生育的论述，参见彭珮云《中国计划生育全书》，中国人口出版社 1997 年版，第 136 页。

学技术的发展，人类利用自然资源的广度和深度将日益扩大。人类能够创造越来越多的财富，来满足自己生存和发展的需要。人类改造环境的能力，也将随着社会的进步和科学技术的发展，不断增强。我们中国的情况可以说明这一点。我国人口增长的速度是比较快的。一九四九年，全国人口五亿多；到一九七〇年，全国人口超过了七亿。但由于我们这个国家赶走了帝国主义掠夺者，推翻了剥削制度，虽然人口增长较快，生活不仅没有下降，反而逐步提高了；国家不是贫困了，而是一步步地走向繁荣昌盛；人民生活的环境不是变坏了，而是逐步在得到改善。当然，这决不意味我们赞成人口的盲目增长。我国政府历来主张实行计划生育，经过多年来的宣传教育和采取必要的措施，已经开始收到一些成效。那种认为人口的增长会带来环境的污染和破坏，会造成贫穷落后的观点，是毫无根据的。[1]

（二）发展与环境的关系

1971 年 12 月 20 日，联大通过了第 2849（**XXVI**）项决议，即《发展与环境》决议。决议提出，发展中国家的经济发展目标，如基于更高技术的工业化，是解决目前发展中国家绝大多环境问题的最可能的解决办法。决议强调每个国家都有权根据自己的情况，在充分尊重主权的情况下，制定本国的环境政策。[2] 通过对《人类环境宣言（草案）》的分析，国家计委和燃化部认为，宣言草案未能明确反映各国独立自

---

[1]《我国代表团团长唐克在联合国人类环境会议上发言，阐述我国对维护和改善人类环境问题的主张，我国积极支持和赞助这次会议，我代表团愿共同努力争取会议取得积极成果》，《人民日报》1972 年 6 月 11 日。

[2] *Development and Environment*, General Assembly resolution 2849 (XXVI) of 20 December 1971.

主、发展民族经济的要求。国家计委和燃化部经与周恩来讨论，认为不能简单地将发展与环境对立起来，更反对通过环境问题干涉国家主权，限制发展中国家发展，于是在代表团发言中提出：

　　当前，许多亚、非、拉国家要求发展民族经济，要求发展现代工业，这是摆脱帝国主义和新老殖民主义的经济控制，使国家走向独立富强的一个重要方面。中国政府和中国人民坚决支持这种正当要求。中国人民在长期的革命斗争实践中体会到，只有发展独立的民族工业，才能不断提高人民生活，才能使国家繁荣富强。当然，工业发展了，会引起对环境的污染。但这个问题随着社会的进步和科学技术的发展，是可以得到解决的。决不能因噎废食，因为怕环境被污染，而不去发展自己的工业。

　　在维护和改善人类环境问题上，我们的主张是：支持发展中国家独立自主地发展民族经济，按照自己的需要开发本国的自然资源，逐步提高人民福利。各国有权根据自己的条件确定本国的环境标准和环境政策，任何国家不得借口环境保护，损害发展中国家的利益。国际上任何有关改善人类环境的政策与措施，都应该尊重各国的主权和经济利益，符合发展中国家的当前和长远利益。我们坚决反对帝国主义的掠夺政策、侵略政策和战争政策；坚决反对超级大国以改善人类环境为名，行控制和掠夺之实。对于那些侵犯别国主权，破坏别国资源，污染和毒化别国环境的肇事国，受害国家有权制裁并要求它们赔偿损失。对于那些向公海倾泻有害物质、污染海水、破坏海洋资源、威胁航行和沿海国家安全的行为，应当采取有力措施加以制止。

　　世界一定要走向进步，走向光明。人类总是不断发展的，自然界也总是不断发展的，永远不会停止在一个水平上。因此，人类总得不断地总结经验，有所发现，有所发明，有所创造，有所前进。任何悲观的论点，停止的论点，无所作为的论点，都是错误的。在人类环境的问题上，任何消极的观点，都是毫无根据的。我们相信，随着社会的进步和科学技术的发展，只要各国政府为人民的利益着想，为子孙后代着想，依靠群众，充分发挥群众的作用，就一定能够更好地开发和利用自然资源，也完全可以有效地解决环境污染问题，为劳动人民创造良好的劳动条件和生活条件，为人类创造美好的环境。[1]

（三）中国环境保护的方针

代表团的大会发言稿回顾了新中国成立以来中国在环境领域取得的成就，也提出了中国的环境保护方针：

新中国成立二十多年来，我国人民遵循独立自主、自力更生的方针，大力进行社会主义的经济建设，把我国由一个贫穷、落后的旧中国，建成为一个初步繁荣昌盛的社会主义国家。我国的工农业生产蓬勃发展，主要工农业产品产量比解放前有了很大的增长。随着生产的发展，我国人民的生活水平比解放前有了很大提高，人民的健康和卫生状况得到显著改善。我国政府按照全面规划、合理布局、综合利用、化害为利、依靠群众、大家动手、保护环境、造福人民的方针，正在有计划地开始进行预防和消除

---

[1]《我国代表团团长唐克在联合国人类环境会议上发言，阐述我国对维护和改善人类环境问题的主张，我国积极支持和赞助这次会议，我代表团愿共同努力争取会议取得积极成果》，《人民日报》1972 年 6 月 11 日。

工业废气、废液、废渣污染环境的工作。多年来，我们开展群众性的爱国卫生运动和植树造林、绿化祖国的活动，加强土壤改造，防止水土流失，积极搞好老城市的改造，有计划地进行新工矿区的建设等等，来维护和改善人类环境。事实说明，只要人民当了国家的主人，只要政府真正是为人民服务的，只要政府是关心人民利益的，发展工业就能造福于人民，工业发展中带来的问题，是可以解决的。[1]

"全面规划，合理布局，综合利用，化害为利，依靠群众，大家动手，保护环境，造福人民"这三十二个字是对新中国成立以来中国环境工作的总结，后来经过第一次全国环境保护大会，确立为我国第一个环境保护的指导方针。

在起草中国代表团的大会发言稿的过程中，还有一段插曲。在最初的草稿中，发言稿讲中国的成绩比较多。周总理看过稿子后说："我看把成绩说得过头了，我不大相信我国的环境这么好，也不大相信国外的环境那么差。中国的环境问题很多，要公开承认这一点。"据参与起草的曲格平回忆，在当时的政治氛围下，中国的环境问题要不是周总理发话，谁敢讲？公害是资本主义制度的产物，怎么是社会主义的呢？这不是给社会主义抹黑吗？于是，中国代表团的大会发言稿在结尾说道：

　　我国还是一个发展中的国家。我国的科学技术水平还不高，

---

[1]《我国代表团团长唐克在联合国人类环境会议上发言，阐述我国对维护和改善人类环境问题的主张，我国积极支持和赞助这次会议，我代表团愿共同努力争取会议取得积极成果》，《人民日报》1972年6月11日。

我们在维护和改善人类环境方面还缺乏经验，还要继续作更大的努力。我们愿意学习世界各国在维护和改善人类环境方面的一切好经验。

中国代表团的发言不仅在国际上产生重大影响，而且国内也在6月11日的《人民日报》上全文登载，这是环境保护第一次进入中国公共舆论领域。

经过斗争与较量，中国成功地修改了《人类环境宣言》，并留下了中国人的智慧成果。《人类环境宣言》第一部分第三条"人类总得不断总结经验，有所发现，有所发明，有所创造，有所前进"，第四条"在发展中国家中，环境问题大半是由于发展不足造成的"，第五条"人口的自然增长继续不断地给环境带来一些问题，但是如果采取适当的政策和措施，这些问题是可以解决的。世间一切事物中，人是第一可宝贵的，人民推动着社会进步，创造着社会财富，发展着社会科学技术，并通过自己的辛勤劳动，不断地改造着人类环境"，第六条"我们需要的是热烈而镇定的情绪，紧张而有秩序的工作"，其中一些是毛主席的原话。这些修改在人类环境保护史上深深地留下了中国的呼声。

联合国人类环境会议是中国环境觉醒的前奏。通过联合国人类环境会议，中国接受了联合国文件中的"环境保护"概念，明确了中国关于环境问题的基本立场。中国代表团了解到了国际上环境保护的最新动态，也深刻认识到中国环境污染的严重性和环境保护工作的迫切性，为全国环境会议的召开奠定了基础。

第四章

国内外环境治理经验的借鉴与初步总结

第一节　中国科学家四国访问团

联合国人类环境会议结束不久，中国就派出了第一个科学代表团，考察英国、瑞典、加拿大、美国的环境保护工作。

1972 年 10 月 6 日下午，以全国人民代表大会常务委员会委员、中华人民共和国科学技术协会主席团委员、中国科学院生物物理研究所所长贝时璋为团长，全国科学技术协会主席团委员、北京市科学技术局负责人白介夫为副团长的中国科学家代表团，应邀前往英国、瑞典和加拿大进行友好访问。代表团成员和工作人员有：张文裕、钱伟长、钱人元、胡世全、李福生、徐肇翔、王立、李明德。[1]出国前，周总理接见代表团全体成员，指出："英、加、美公害很厉害，你们代表团到这四个国家要把这个问题作为研究的中心之一。"[2]

代表团乘飞机离开北京时，前往机场送行的有：全国人大常委会副委员长、中国科学院院长郭沫若，国务院科教组组长刘西尧，外交

---

[1] 参见《前往英国、瑞典、加拿大进行友好访问，贝时璋率中国科学家代表团离京，郭沫若刘西尧章文晋吴有训周培源等到机场送行》，《人民日报》1972 年 10 月 7 日。

[2]《我国科学家代表团赴美国、英国、瑞典和加拿大访问后关于环境污染和环境保护的考察报告》，南昌市环境保护会议文件，1974 年 1 月。

部部长助理章文晋，中国科学院副院长、全国科学技术协会副主席吴
有训，全国科学技术协会副主席周培源，有关方面负责人和科学工作
者迟群、王建中、秦力生、王栋、陈德和、谢静宜、张维、柳忠阳、
陆达、潘纯、钱大镛、王应睐、田野、田夫、柳大纲、朱永行等。英
国驻中国大使艾惕思，加拿大驻中国大使馆临时代办考辟松，瑞典驻
中国大使馆秘书诺尔曼也到机场送行。[1]从机场送行队伍的人员级别就
可以知道中国政府和外国政府对中国第一个科学代表团出访的重视。

10月6日至12月19日，代表团先后访问了英国、瑞典、加拿
大、美国有关环境保护的政府领导机关和有关实验室、研究所，收集
了许多重要的技术资料。

在英国，英国皇家学会特为代表团组织了有七位污染问题专家参
加的座谈会，介绍了英国工业污染、水污染、空气污染、海洋的油污
染、热污染、城市固体污染和英国有关污染的组织机构、调查监测、
法令执行及污染研究情况。代表团还参观了（1）贸易工业部领导的华
仑泉（Warren Spring）研究所，该所有三分之一的工作专门研究空
气污染及海洋的油污染；（2）环境部领导的水污染研究所；（3）大伦
敦市委员会所属克劳斯纳斯（Cross-ness）污水处理场，该场每年处
理污水400亿加仑。英国议会调查环境污染的委员会主席阿许柏爵士
还特别把该委员会1971—1972年间的三份蓝皮调查报告寄给了代表
团。[2]代表团还访问了90岁高龄的英国环保权威人士洛德爵士。洛德

---

[1] 参见《前往英国、瑞典、加拿大进行友好访问，贝时璋率中国科学家代表团离京，
郭沫若刘西尧章文晋吴有训周培源等到机场送行》，《人民日报》1972年10月7日。

[2] 参见中国科学技术情报研究所编：《国外环境污染和环境保护》，"出国参观考察报
告"，编号：〔73〕008，第2页。

爵士为代表团提供了治理泰晤士河污染和伦敦空气污染的详细资料。[1]

在瑞典，代表团访问了设立在斯德哥尔摩皇家工学院内的环境科学中心（MVC），并与该中心的负责人和专家进行了座谈。参观了与该中心有联系的同位素技术研究所中有关利用同位素技术处理环境问题的工作，还参观了瑞典水和空气污染研究试验所（IVL）。在瑞典卡罗林斯卡研究所（Karolinska Institute）和斯德哥尔摩皇家工学院化学工程系，还接触到有关细菌和化学方法处理水污染的研究，并了解了有关瑞典的生态学研究计划。[2]

在加拿大，代表团在科技部组织的加拿大政府各部门的科技活动介绍会上，听到了环境部助理副部长台维孙介绍的加拿大环境工作的政策、计划和研究情况并进行了参观：（1）卫生保健部所属的环境卫生指导处；（2）不列颠哥伦比亚研究所中有关水质和水污染、空气污染和矿区生态学研究；（3）魁北克大学校际海洋学研究组；（4）环境部所属劳伦泰（Laurentian）林业研究中心的生态测量和虫害控制研究；（5）拉伐尔大学（Laval）水研究中心有关劳伦河的污染研究。[3]

在美国，美国政府对代表团十分重视。访美期间，尼克松亲自在白宫宴请代表团，基辛格也在国务院举行中餐午宴，美国科学院举行了全国科学家500人的盛大宴会，据说这在美国科学史上是第一次。[4]代表团访问了美国环境保护局并与有关人员进行了座谈。在参观国际计算机公司（IBM）时，由该公司半导体制造厂的污染消除工程处的负

〔1〕参见《钱伟长自述（续）》，《山西文史资料》2000年第3期。

〔2〕参见中国科学技术情报研究所编：《国外环境污染和环境保护》，"出国参观考察报告"，编号：〔73〕008，第2页。

〔3〕参见中国科学技术情报研究所编：《国外环境污染和环境保护》，"出国参观考察报告"，编号：〔73〕008，第3页。

〔4〕参见《钱伟长自述（续）》，《山西文史资料》2000年第3期。

责工程师（华人）详细介绍了有关该厂的化学污染源分析，纽约州水污染标准和液体废物、固体废物、气体排出的设备、监察、分析、警告和控制的全面情况。在参观贝尔电话公司（Bell Telephone）研究所时，代表团看见了利用可调激光器研究气体中含有微量 NO、NO_2、CO_2、CO、HF 等的分析方法。在芝加哥大学参观大气物理系时，代表团看到了该系研究高空大气污染和云层污染的工作。[1]

代表团回国后由钱伟长主笔撰写了题为《国外环境污染和环境保护》的考察报告。报告分为七个部分，共 5 万字，系统介绍了英国、瑞典、加拿大和美国四国的环境保护情况。

报告首先介绍了代表团的出访情况和四国的污染情况，特别介绍了四国的空气污染、水污染、固体废物、放射性污染和噪声污染的情况。

报告系统介绍了四国环境工作的领导和组织机构。报告强调了环境工作领导机构的重要性。报告指出，四国环境保护工作都有中央部一级的领导，负责制定政策，提出立法保护条例，组织研究、监控、宣传教育等工作。在地方一级政府中都有执行法令和执行监控的具体工作机构。凡工厂中有严重污染问题的，都设有独立的污染消除工程处，或制定专职工程师负责处理污染问题。

报告详细介绍了四国环境保护的行政管理办法，对四国的环境保护法令、环境保护条例和污染标准、监测工作、行政控制办法作了较为详尽的介绍。报告强调，环境污染涉及各个方面，所以保护环境必然也是一种非常复杂的工作。行政管理是解决污染问题的关键问题。行政管理的核心问题是动员组织力量，协调各方面各部门之间的经济

---

〔1〕参见中国科学技术情报研究所编：《国外环境污染和环境保护》，"出国参观考察报告"，编号：〔73〕008，第 3 页。

技术要求。报告还强调，环境污染的监测工作是一切环境保护工作的基础，是污染控制政策和环境质量标准制定的基础。污染监测工作规模大、范围广，一般由国家统一筹划。报告还介绍了保护环境的技术措施和环境保护的国际性。

最后，报告提出了对我国环境保护措施的七项建议。报告认为："目前我国除少数工业城市外，总的来说，环境污染问题还不十分严重，但随着社会主义工业建设的发展，对环境污染问题必须给予应有的重视。"为此，报告提出七项建议："（1）建立一个专门的中央领导机构，领导环境保护工作。各省市应分批分区设立区域性的相应机构。（2）建立国家的空气和水的治理标准。（3）大力展开城市污水处理和利用工作，加强培养环境科学（包括给排污工程）技术人员。（4）建立若干空气和水污染的研究机构，建立监测标准设备和水、空、海的监测网，展开地区性的生态研究工作。（5）建立工业污染研究机构，从各种工业的污染调查开始，开展三废利用，改进各工业的生产方法。（6）于适当时机派专业考察小组，到英、美、瑞典考察环境工作，吸取教训，学习经验。（7）对下列问题，应尽早研究：（甲）对 DDT 及有机氯化物的农药使用问题，（乙）对北方地区城市的取暖用火问题，（丙）对我国海域的海水和海产动物的污染及生态研究。"

这份报告是当时对西方环境保护情况最全面的介绍，对国内环境政策的制定具有重要的参考价值。1973 年 1 月，钱伟长代表环境保护四国代表团，向国家计委和北京市环境保护工作负责同志系统介绍了四国的环境保护工作的基本情况。此后，环境保护四国代表团又先后在北京市环境保护工作会议和全国环境保护会议上介绍了英国、瑞典、加拿大、美国四国的环境保护工作机制与动态。代表团对环境监测工作和环境保护领导组织机构的介绍影响了后来中国环境保护工作的建设。

第二节　官厅水库水污染治理模式的初步形成

官厅水库水污染治理是新中国环境保护事业起步阶段一项重要的环境保护工程，具有重要的开拓意义和示范作用，成为第一次全国环境保护大会的典型，其形成的官厅水库水污染治理模式成为长期影响中国环境保护的工作模式。

一、成立跨行政区的流域保护领导机关

1971 年，官厅水库出现死鱼现象，1972 年 3 月，怀来、大兴一带群众因吃了官厅水库有异味的鱼，出现了恶心、呕吐等症状。3 月 17 日，北京市有关部门组成了调查组，对官厅水库的污染情况进行调查。[1]1972 年 4 月 29 日，调查组提出了《关于官厅水库目前污染情况的报告》（以下简称《报告》），分析了官厅水库污染问题的原因，评估了水库污染的严峻形势，提出了官厅水库污染治理的建议。

《报告》首先指出，上游污染是官厅水库污染的主要来源。《报告》要求"必须采取有效措施"，并提出四项建议：（1）请北京市"尽快将官厅水库污染情况转达有关省市并全面研究制止官厅水库污染的措施"；（2）"由二省一市（河北、山西、北京市）组成官厅水库水源保护协作组，研究制定官厅水库流域保护具体办法和水库及上游河流污染情况的常年观测制度"；（3）"加强对库区周围及上游城市新建扩建

---

〔1〕参见《海河志》编纂委员会编：《海河志·大事记》，中国水利水电出版社 1995 年版，第 171 页；中共张家口地区委员会：《关于尽快消除官厅水库污染的报告》（1972 年 6 月 23 日）。

厂矿企业的管理，必须在基建及设计中考虑工业废水回收与处理，否则不予兴建"；（4）"有关部门应尽快解决库区周围受污染严重的生产大队的水源问题，保证饮水安全，并组织医务人员进行必要的体检与治疗"。[1]《报告》中关于"官厅水库水源保护协作组"和"新建企业必须考虑废水回收与处理"的建议为日后跨地区跨部门的"官厅水库水源保护领导小组"的成立和"三同时"制度的提出奠定了基础。

根据这份《报告》，北京市革委会向国务院上报了《关于官厅水库污染情况的报告》。[2]国务院副总理李先念与时任中共北京市委第一书记吴德会面讨论并同意了北京市提出的先解决官厅水库污染的计划。5月20日，李先念将北京市的报告批转给时任国家计委革委会主任余秋里、国务院业务组陈华堂、国家计委副主任袁宝华等人，并要求"召集有关省、市负责同志和工厂同志"讨论官厅水库污染问题，"提出有力措施，能在短期内做出成效才好"。[3]

经调查研究，上游污染增加和来水减少是官厅水库水质在短期内迅速恶化的主要原因。针对这种情况，国务院迅速作出反应，制定了官厅水库水源保护工作的基本方针，并在"官厅水库水源保护领导小组"统一协调下逐步展开。

6月8日，根据调查研究和北京市的相关意见，国家计委和国家建委提交了《关于官厅水库污染情况和解决意见的报告》，提出解决官厅水库污染问题的五项意见：（1）成立由"北京市、天津市、河北省、

---

[1] 参见官厅水库污染情况调查组：《关于官厅水库目前污染情况的调查》（1972年4月29日）。

[2] 参见程振声：《李先念与新中国环境保护工作的起步》，载中共党史资料编辑部编：《中共党史资料》第107辑，中共党史出版社2008年版，第191页。

[3] 参见《李先念传》编写组编：《建国以来李先念文稿》第3册，中央文献出版社2011年版，第169页。

山西省有关负责同志组成，国家计委、国家建委、燃化部、冶金部、轻工部、卫生部、农林部派人参加”的“官厅水库水源保护领导小组”；（2）主要排污企业迅速暂停生产，尽快采取紧急措施，将工厂排放废水中有毒物质的含量降低到卫生标准以内；（3）新建、扩建工厂的建设和“三废”综合利用工程要“同时设计，同时建设，同时投产”；（4）建立监测化验系统，加强检验工作，并加强和建立相应地区的监测和化验机构；（5）进一步做好对桑干河和妫水河污染的调查并于8月下旬提出全面治理规划。[1]6月12日，国务院全文批转了这一报告，即国务院46号文件。

6月23日，“领导小组”迅速建立并召开第一次会议，由北京市负责城市建设工作的万里任组长。7月10日，“领导小组”办公室（以下简称“官办”）正式办公。“官办”由北京、河北、天津和山西的相关部门派干部组成，北京规划组的王一人为办公室负责人。

二、严谨的科学调查

“领导小组”迅速组织相关人员到大同市和张家口地区进行实地考察，对重点的排污企业进行了摸底和调查，于7月12日向国务院提交了《关于官厅水库水源保护工作进展情况的报告》。8月，“领导小组”又向国务院提交了《关于桑干河水系污染情况的调查报告》。国务院分别批转了上述两份报告，即国务院62号文件和67号文件。

这两份文件明确了官厅水库水污染治理的五大方针：（1）提高思想认识，将保护官厅水库水源保护工作提到路线高度来对待，充分发

---

[1] 参见国家计委、国家建委：《关于官厅水库水污染情况和解决意见的报告》（1972年6月8日），载湖南省黔阳地区卫生防疫站：《环境保护资料汇编》，1976年，第4—5页。

动群众，当作政治任务来抓；（2）突出重点，狠抓对水质危害较大的重点单位，采取紧急措施，关停或搬迁污染大户；（3）各有关省、市、地区，都要抽调干部，配备技术力量，建立和健全治理"三废"的组织，认真调查，分期分批打歼灭战；（4）加强企业管理，新建或扩建企业要严格实施"三同时"原则，否则不得动工兴建；（5）加强化验力量，建立检验网。[1]

基本治理方针明确后，官厅水库水源保护工作在探索中逐步展开。

虽然污染治理的基本方针明确了，但是如何有效地开展官厅水库水源保护工作还存在技术、资金、物资等诸多短板。当时，仅张家口地区六个重点企业之一的沙城农药厂开展的污水治理工程就面临缺乏技术人员，短缺资金20万元、化验设备12台（套）和铸铁管159吨，以致无法化验耽误工程进度的窘境。[2]整个官厅水库水源保护工作所面临的技术、资金、物资等诸多困难可见一斑。"领导小组"在工作中探索前进，通过充分发动群众、抓住重点分批推进、开展全国科研大协作等方式，克服了诸多困难，摸索出了中国环境保护的道路。

三、充分发动群众

面对技术、资金、物资等短板，"领导小组"首先从提高干部群众对污染的认识入手，发动群众积极参与官厅水库水源保护工作。

当时干部群众对污染的认识水平不高。在"文革"极左思潮影响

---

[1] 参见官厅水库水源保护领导小组：《关于官厅水库水源保护工作进展情况的报告（摘要）》（1972年7月12日），官厅水库水源保护领导小组：《关于桑干河水系污染情况的调查报告》（1972年8月28日），载湖南省黔阳地区卫生防疫站：《环境保护资料汇编》，1976年，第15—17、23—24页。

[2] 参见官厅水库水源保护领导小组办公室：《官厅水库水源保护领导小组办公室工作简报》（五）（1972年7月26日）。

下，一些宣传将污染问题描述成资本主义的罪恶，不承认社会主义国家会有污染。有些干部认为污染难以避免，"洗锅刷碗还有饭渣污水，这么大工厂还免得了排放废水废渣？"在生产指标面前，有些干部认为"完不成生产任务不行，'三废'治不治关系不大"。还有些干部认为"搞'三废'治理费力不小，油水不大"。这些错误思想和模糊认识严重影响了群众对污水治理的认识，认为治理不治理和自己没多大关系。[1]

"领导小组"反复宣传保护官厅水库、治理官厅水库水污染的重要性，"把保护官厅水源提高到执行毛主席革命路线的高度来认识"。通过这种方法，"领导小组"运用当时的话语，调动中层干部的积极性。同时，"领导小组"开展了对群众的宣传工作，将国务院的三个文件（即国务院46号、62号和67号文件）相继发送至各工厂单位，通过张贴、广播、学习讨论等方式，使文件与群众见面，反复宣传治理官厅水库污染的重要性。经过反复教育，群众对污染治理的认识普遍提高，纷纷表示：官厅水库连着中南海，要保卫毛主席，一定要治理好污水，不让一滴污水进入北京。[2]

反复教育后，干部群众治理污水的积极性被激发出来，形成了污水治理的热潮。宣化造纸厂是一个典型。该厂是重点污染企业，但既缺乏设备材料又缺乏技术。在宣传教育后，干部群众的治污热情被激发出来。"他们在施工中没有钢筋就用榔头从日伪时期破旧的混凝土地堡中砸出来用，没有钢板做操作台，他们就用废刀片一块一块地焊接

---

[1] 参见官厅水库水源保护领导小组：《一年来官厅水库水源保护工作情况汇报》（1973年7月）。

[2] 参见官厅水库水源保护领导小组：《一年来官厅水库水源保护工作情况汇报》（1973年7月）。

起来，先后自己加工制造了 59 套设备。"在干部群众的治污努力下，该厂比计划提前一个月完成土建施工。[1]

"领导小组"从提高干部群众对污染的认识入手，纠正了对环境污染问题存在的模糊认识和错误思想，激发了干部群众治理污染的热情，弥补了技术和资金上的短板，为接下来的工作打好了思想基础。

四、抓住重点分批推进

反复宣传教育的同时，针对国务院 46 号、62 号和 67 号文件中涉及的重点污染企业，"领导小组"采取了紧急措施，抓住重点，集中关停、搬迁了一批污染大户，并有步骤地分批治理官厅水库上游的污染企业。

张家口地区的沙城农药厂 1970 年 7 月开始生产滴滴涕，每天排出含有滴滴涕、氯苯等酸性污水 3000 多吨，超过国家标准 600 倍。1972 年初，该厂的副产品盐酸 240 多吨由于没有销路又无处储存，随意排入洋河，最终进入官厅水库。[2]"领导小组"要求沙城农药厂迅速停止生产滴滴涕，待解决生产污水问题后再恢复生产。[3]山西大同市的合成橡胶厂每天向桑干河排放有毒废水 5426 吨。[4]自 1972 年 7 月 1 日

---

〔1〕参见官厅水库水源保护领导小组：《一年来官厅水库水源保护工作情况汇报》（1973年 7 月）。

〔2〕参见官厅水库水源保护领导小组：《一年来官厅水库水源保护工作情况汇报》（1973年 7 月）。

〔3〕参见国家计委、国家建委：《关于官厅水库水污染情况和解决意见的报告》（1972年 6 月 8 日），载湖南省黔阳地区卫生防疫站：《环境保护资料汇编》，1976 年，第 4—5 页。

〔4〕参见官厅水库水源保护领导小组：《关于桑干河水系污染情况的调查报告》（1972年 8 月 28 日），载湖南省黔阳地区卫生防疫站：《环境保护资料汇编》，1976 年，第20 页。

起，该厂也停产治理污染。[1]

1972 年 3 月，万里考察洋河流域，发现宣化农药厂不仅对官厅水库污染威胁较大，而且厂址距城市居民区近，所排污水、毒气危害人民健康，还处于出口葡萄生产基地的上风口，很可能造成其他损失。[2]万里当即建议迁厂。6 月 29 日，万里以"领导小组"组长身份带领中央、省、地市"三废"治理联合检查组到宣化农药厂再次视察，并再次建议迁厂，以免污染官厅水库。[3]宣化农药厂从 1972 年 7 月起逐步停产并搬迁新址。

"领导小组"针对重点污染企业的停产和迁厂等紧急措施，迅速改变了官厅水库上游的污染情况。7 月 13 日—15 日，桑干河调查组在考察桑干河污染情况时汇报："由于国务院下达了 46 号文件之后，各地区、各部门沿官厅上游各单位负责同志都很重视并采取了紧急措施，从直观感觉来看，官厅水质有所好转，浓厚的滴滴涕气味已经减轻了。"[4]

第一批重点污染工厂的关停搬迁不仅取得了减轻水污染的重要效果，而且为下一阶段的工作提供了必要的经验，也带动了若干中小厂的治污工作。在此基础上，"领导小组"开始了第二批中小厂和市属厂的污水治理工作。

---

〔1〕参见官厅水库水源保护领导小组办公室：《官厅水库水源保护领导小组办公室工作简报》（八）（1972 年 8 月 22 日）。

〔2〕参见官厅水库水源保护领导小组办公室：《官厅水库水源保护领导小组办公室工作简报》（六）（草稿）（1972 年 7 月 20 日）。

〔3〕参见中共张家口市委党史研究室编：《塞北情：党和国家领导人在张家口》，中共党史出版社 1993 年版，第 240 页。

〔4〕官厅水库水源保护领导小组办公室：《官厅水库水源保护办公室工作简报》（四）（1972 年 7 月 19 日）。

1972—1975 年，第一批和第二批官厅水库水污染治理工程共涉及33 个单位共 68 个项目。这些工程大致可以分为三类：第一类，通过提高技术水平改进工艺，从根源上减少污水的产生和排放，如沙城农药厂滴滴涕缩合工段改造项目[1]和大同合成橡胶厂"无苯终止剂"项目[2]。第二类，通过开展"三废"综合利用，化害为利，减少污水排放，如大同制药厂废水综合利用项目，不但减少了废水中的有毒物质，还回收了重要的工业原料，1974 年，仅工业草酸就回收了 28 吨。[3]第三类，通过建设污水净化设施，采用物理、化学或生物方法处理有毒有害物质含量不高或者没有回收利用价值的废水，使污水净化，保护水源，如大同机车厂建立了日处理 1500 吨污水的污水处理站，其废水含酚浓度从 200 毫克／升降为 0.5 毫克／升，净化率高达 99.75%。[4]

污水治理工程的效果明显。1973 年洋河口的滴滴涕检出量从 1972年的 0.2 毫克／升下降到 0.02 毫克／升。1974 年，桑干河口的酚检出量从 1972 年的 0.026 毫克／升下降到 0.005 毫克／升。上游污染的治理使官厅水库水质大为改观。1974 年库区滴滴涕未检出，酚检出量为

〔1〕滴滴涕缩合工段旧工艺用水洗法除酸，产生大量污水，工艺改造后采用无水除酸新工艺，原有污水不再产生，从生产阶段杜绝了污水的产生。参见河北省沙城农药厂：《滴滴涕污水处理》，《农药工业》1974 年第 1 期；王华东等：《环境污染综合防治》，山西人民出版社 1984 年版，第 251—252 页。

〔2〕橡胶生产离不开终止剂。旧工艺采用苯作为终止剂，产生大量污水。经过试验，该厂采取松香皂液作为终止剂，既节约了苯的使用，又在生产阶段杜绝了污水的产生。参见官厅水系水源保护领导小组办公室：《官厅水系水源保护的研究》，《环境保护》1978年第 1 期；郭宝森、张敦富：《工业污染防治途径》，化学工业出版社 1987 年版，第199 页。

〔3〕参见刘燕生编著：《官厅水系水源保护史志；北京市自然保护史志》，中国环境科学出版社 1995 年版，第 8—9 页。

〔4〕参见大同市地方志编纂委员会编：《大同市志》（上），中华书局 2000 年版，第 147页。

0.008 毫克 / 升，是 1972 年的 1/5。[1]

五、开展全国科研大协作

治理污染的同时，"领导小组"不断加强科学检验力量，开展全国科研大协作，初步建立了官厅水系污染监测网。

科研技术力量不足是官厅水系水源保护工作初期面临的一大问题。由于"文革"的冲击，许多科研院所的科研工作处于停滞状态。官厅水库水源保护工作中检验力量不足和科研力量不足问题凸显。

就检验力量不足而言，不仅检验人员短缺，而且检验设备更是缺乏，导致重点工厂和重点地区部分污染物无法化验，给污水治理带来严重问题。1972 年 7 月，沙城农药厂反映："我厂污水成分复杂，且大部分系有机毒物。""一些有机物的含量分析不能进行（尤其微量分析），需上级有关单位协助尽快解决分析仪器，并培训分析人员。"[2] 不仅重点工厂缺乏检验力量，重点地区的检验力量也严重不足。同月，张家口市汇报治理工作中化验能力太低是一个主要问题。由于缺乏仪器，"一部分有机毒物，根本无法化验"[3]。

科研力量不足也导致污水治理工程受阻。由于技术力量跟不上，虽然群众有治理污水的热情，但技术不过关导致污水治理工程受阻。张家口市反映，有的厂一个简单的沉淀池，一个月内已经塌了两次，

---

〔1〕参见官厅水库水源保护领导小组：《官厅水源保护工作情况汇报提纲》（1974 年 9 月）。

〔2〕官厅水库水源保护领导小组办公室：《官厅水库水源保护领导小组办公室工作简报》（五）（1972 年 7 月 26 日）。

〔3〕官厅水库水源保护领导小组办公室：《官厅水库水源保护领导小组办公室工作简报》（六）（1972 年 7 月 20 日）。

造成人力和物力上的损失。[1]同时，技术困难使基层出现畏难情绪。[2]

面对这种情况，"领导小组"提出"加强化验测定能力""建立检验网，培训检验人员"的要求，要求"各地都要加强'三废'化验机构，首先是各工厂单位要配备人员、添置必要的设备，建立机构，对本单位的产品和废水、废气进行经常的测定检验，各地区要根据条件，健全防疫站的工作，建立综合性的'三废'化验站。官厅水库的化验力量必须加强"。[3]

1973年1月起，"领导小组"前后投资约400万元，重点建设了官厅水库、大同和张家口市三个监测中心站和张家口地区监测站、雁北地区监测站、内蒙古丰镇县监测站，初步建立了水污染监测网。同时，官厅水库水源保护领导小组办公室通过监测化验技术普通培训班和高级培训班的形式，培养了大批急需的化验人员。[4]

对于技术困难较大的厂，"领导小组"发挥协调作用，实施全国科研大协作，采取对口支援的办法，争取短期内解决问题。比如，燃化部直接对口帮助沙城农药厂，并派工程师指导滴滴涕缩合工段改造工程的安装。[5]大同合成橡胶厂的污水处理工程由北京市环境科学研究

---

〔1〕参见官厅水库水源保护领导小组办公室：《官厅水库水源保护领导小组办公室工作简报》（六）（1972年7月20日）。

〔2〕参见张家口革委会办公厅：《张家口地革委计委负责同志在官厅水库水源保护工作经验交流会上的发言（摘要）》（1975年8月4日）。

〔3〕参见官厅水库水源保护领导小组：《关于官厅水库水源保护工作进展情况的报告（摘要）》（1972年7月12日），载湖南省黔阳地区卫生防疫站：《环境保护资料汇编》，1976年，第17页。

〔4〕参见刘燕生编著：《官厅水系水源保护史志；北京市自然保护史志》，中国环境科学出版社1995年版，第13—14页。

〔5〕参见官厅水库水源保护领导小组办公室：《官厅水库水源保护办公室工作简报》（三）（1972年7月15日）。

所、西南给排水设计院、中国科学院化学研究所、太原新华化工厂等多家科研生产技术单位联合攻关一年，才得以攻克。[1]

1972 年 9 月 12 日，中国科学院、卫生部和"领导小组"开始研究污水治理科研项目和建立化验机构问题。[2]随后，中国科学院一局组织中国科学院有关研究所、中国医学科学院和中国农业科学院的有关研究所、中央有关部的专业研究所、各地大专院校和地方有关部门单位，组成了"官厅水源保护科研监测协作组"。1973 年 1 月 23 日，第一次官厅水库水源保护科研监测会议在中国科学院召开，对官厅水库水源保护的科学监测开始有步骤有计划地渐次展开。[3]三年时间里，从东北到厦门，全国 30 多家科研机构的数百位科研人员先后参与了官厅水库水源保护工作。

全国科研大协作不仅弥补了官厅水库水源保护工作中的技术短板，而且为我国的环保科研工作奠定了基础，积累了经验，培养了人才。官厅水库水源保护工作中，科学工作者们共同协作积累了 10 多万个数据，写出了 100 余篇专题报告和 10 余万字的科研总结。[4]

官厅水库水污染治理模式的五个要点是：（1）成立跨行政区的流域保护领导机关；（2）充分的科学调查；（3）充分发动群众；（4）抓住重点分批推进；（5）开展全国科研大协作。

---

〔1〕参见本刊编辑：《氯丁橡胶废水深度处理的试验》，《建筑技术通讯（给水排水）》1976 年第 2 期。

〔2〕参见官厅水库水源保护领导小组办公室：《官厅水库水源保护领导小组办公室工作简报》（十）（1972 年 9 月 14 日）。

〔3〕参见刘燕生编著：《官厅水系水源保护史志；北京市自然保护史志》，中国环境科学出版社 1995 年版，第 10 页。

〔4〕参见刘燕生编著：《官厅水系水源保护史志；北京市自然保护史志》，中国环境科学出版社 1995 年版，第 11 页。

官厅水库水污染治理模式，以党和国家的高度重视为前提，以"社会主义大协作"为保障，以干部群众的治污热情与科学技术的有机结合为动力，探索出了"三同时"制度，即"新建、扩建、改建的工厂、车间，三废治理措施必须和主体工程同时设计、同时施工、同时投产"。官厅水库水污染治理后来被第一次全国环境保护大会树立为典型。官厅水库水污染治理模式成为长期影响中国环境保护的工作模式。

第三节　北京的"三废"治理经验

一、北京"三废"污染调查的开始

新中国成立后，在"变消费性城市为生产性城市"方针指导下，北京市优先发展工业，尤其是重工业。到 20 世纪 70 年代，北京工厂总数较新中国成立前夕"增加了近 20 倍"[1]，"拥有钢铁、冶炼、化工、仪表、机械、轻工等大中型工厂近 1700 个"[2]。北京出现了锅炉、窑炉烟囱林立的景象，也发生了空气严重污染的情况，反映空气污染综合指标的烟雾日由 50 年代的 60 余天发展到 60 年代的 120 余天。[3]据统计，70 年代初北京市发生能见度小于 5 级的概率是 60 年代的 6 倍，达到 32.4%，占全年的近 1/3。[4]

1970 年 11 月 15 日，周恩来专门要求北京进行调查，监测北京及

〔1〕北京市革委会三废治理办公室：《关于北京市工业合理布局和工厂搬迁规划草案》（1973 年 11 月 14 日）。
〔2〕北京市卫生防疫站：《北京市大气污染调查总结》（1972 年 11 月 11 日）。
〔3〕参见北京市地方志编纂委员会编著：《北京志·市政卷·环境保护志》，北京出版社 2004 年版，第 5 页。
〔4〕参见杨东桢、房秀梅：《从北京市能见度的变化看大气污染》，载高宇声主编：《〈环境保护〉十年选编》，中国环境科学出版社 1985 年版，第 477—479 页。

其周边环境中"有无汞和其他有害物质"。[1]自 1970 年 11 月起，中国医学科学院劳动卫生研究所组织北京市 7 个卫生城建单位开展了北京市汞污染调查，对北京化工厂等 10 个电解汞工艺集中的工厂和单位周边空气中的汞污染展开了调查。[2]

随后，根据卫生部军管会的要求，劳动卫生研究所和北京市革命委员会"三废"管理办公室[3]（以下简称市革委会"三废"管理办公室）、市卫生局组织 20 余家单位开始对北京 3 个主要工业区及市区的空气污染进行调查。[4]

北京市先从工业比较集中的朝阳区和石景山区开始着手空气污染调查。当时，朝阳区以化工业为主，该区工厂的二氧化硫和氯气排出量大，影响面广。[5]石景山区的北辛安地区 1 个月的灰尘自然沉降量达每平方公里 182.24 吨，超出清洁对照点 18.8 倍。[6]石景山区 1970 年适龄青年参军体检中，30% 青年患有呼吸系统疾病，几乎挑不出适龄的

---

〔1〕参见曲格平、彭近新主编：《环境觉醒——人类环境会议和中国第一次环境保护会议》，中国环境科学出版社 2010 年版，第 465 页。

〔2〕参见北京市卫生防疫站：《北京市大气中汞浓度测定小结》（1971 年 6 月 28 日）。

〔3〕1971 年 5 月，北京市革命委员会"三废"管理办公室成立，机构设在市规划局。1972 年 11 月 27 日，改称北京市革命委员会"三废"治理办公室。1975 年 1 月 1 日，更名为北京市革命委员会环境保护办公室。参见北京市环境保护局《大事记》编写组：《北京市环境保护大事记（1971—1985）》，1986 年，第 1 页；北京市革命委员会：《关于成立北京市革命委员会"三废"治理办公室的通知》。

〔4〕参见工业"三废"学习班等编：《全国工业卫生工作经验交流资料选编》，湖北省卫生防疫站 1972 年编印，第 14 页。

〔5〕参见劳动卫生研究所：《北京市朝阳区二氧化硫及氯气污染大气的调查报告》（1971 年 6 月 20 日）。

〔6〕参见石景山区三废调查组：《北京市石景山区工业废气对大气污染情况的初步调查报告》（1971 年 6 月 22 日）。

海空军入伍士兵。[1]调查结果表明，北京市已经形成了以大中型工厂为中心的点源型空气污染。

二、1972 年：北京市空气污染治理的起步

1972 年 2 月初美国总统尼克松访华前夕，周恩来陪同外宾乘车经过西单路口时，看到浓烟滚滚，立即指示工作人员转告北京市，要把首都的烟尘治理好。[2]

2 月 12 日，北京市革命委员会召开"消烟除尘"紧急会议，决定"抓紧解决一下锅炉冒黑烟的问题"。[3]北京的空气污染治理工作就此展开。

3 月 5 日，北京市清仓节约办公室[4]成立消烟除尘组，负责解决烟囱排放黑烟问题。3 月 21 日，北京市革委会召开"消烟除尘"现场会，作出三项决定：一是推广简易土法改炉，二是开展锅炉普查，三是各

---

[1] 参见工业"三废"学习班等编：《全国工业卫生工作经验交流资料选编》，湖北省卫生防疫站 1972 年编印，第 15 页。

[2] 参见北京市地方志编纂委员会编著：《北京志·市政卷·环境保护志》，北京出版社 2004 年版，第 139 页。

[3] 参见北京市环境保护局《大事记》编写组：《北京市环境保护大事记（1971—1985）》，1986 年，第 4 页。

[4] 1969 年，全国燃料单耗普遍升高，煤炭和一些主要物资供需矛盾明显扩大。同年 12 月，毛泽东批示要清扫仓库。1970 年，中央发布开展增产节约运动的指示，国家计委设立了清仓节约办公室，各地区各部门也相继成立了清仓节约机构。参见物资部燃料司编写组：《中国燃料流通管理》，哈尔滨工业大学出版社 1988 年版，第 213 页。1971 年 6 月，北京市革委会转发国务院批准国家计委、财政部《关于开展清仓核资工作的报告》，北京市成立清仓节约办公室，办公室设在北京市物资局。参见北京市地方志编纂委员会编：《北京志·综合经济管理卷·物资志》，北京出版社 2004 年版，第 303 页。

区（县）、局要成立抓消烟除尘的工作班子。[1]

4月7日，北京市卫生防疫站提交了《北京市二氧化硫污染情况初步调查汇报》，指出北京市城近郊区二氧化硫普遍超标，其中近郊区以工业点源污染为主，散煤燃烧、采暖燃煤和中小工业废气低空排放共同造成中心城区的空气污染，提出有计划、分期分批实现燃料煤气化和采暖管道化等防治大气污染的措施。[2]

4月10日，市革委会发出《关于对锅炉、烟囱进行普查的通知》，要求各区（县）成立"烟囱普查小组"，负责对所在区县的锅炉、烟囱进行普查。经普查，全市锅炉、茶炉和窑炉共1.6万余台，烟囱1.2万根。全年从烟囱排出烟尘达37万吨。[3]这是北京首次开展系统的空气污染源调查。

5月15日—17日，北京市召开"三废治理、烟囱除尘工作会议"，决定1972年消烟除尘工作的重点是迅速解决"一线一片"[4]地区的"烟囱除尘"，要求"烟囱除尘工作要广泛发动群众，因地制宜地创造出简而易行的除尘设施，凡有条件的单位，要积极进行锅炉改造"[5]。6月16日，《北京市"三废"管理试行办法》发布，规定了居民区大气中19项有害物质最高容许浓度，为进一步开展空气污染治理提供了标

---

[1] 参见北京市环境保护局《大事记》编写组：《北京市环境保护大事记（1971—1985）》，1986年，第5页。

[2] 参见北京市卫生防疫站：《北京市二氧化硫污染情况初步调查汇报》（1972年4月7日）。

[3] 参见北京市环境保护局《大事记》编写组：《北京市环境保护大事记（1971—1985）》，1986年，第5页。

[4] "一线"，即从首都机场到钓鱼台国宾馆；"一片"，即西城区。

[5] 北京市革委会工交城建组：《关于"三废"治理、烟囱除尘工作会议的报告》（1972年6月9日）。

准和依据。[1]

经过半年的努力，"一线一片"地区的 2879 台锅炉用简易土法改造了 2553 台，占 89%。[2]简易土法改炉方法有两大类：一类是消烟，即通过促进煤炭充分燃烧来减少黑烟，如加装"二次风""导风器"等；另一类是除尘，即通过重力、水洗等方法减少锅炉排出的烟尘，如建沉降室、"码花墙"等。[3]当时全国并没有成熟的消烟除尘解决方案，这些简易土法改炉办法大多源于以往的节煤经验，优点在于技术门槛低、不改炉体，但加大了司炉工的劳动强度，效果也不稳定。

随着空气污染治理的展开，人们对于空气污染的认识也逐步加深。1972 年 11 月 11 日，北京市卫生防疫站提交了《北京市大气污染调查总结》，指出北京市空气污染的原因是工业过度集中于城近郊区，燃料结构煤炭比重过高。目前的消烟除尘措施较多地"着眼于消除大颗粒的灰尘工作"，"而从烟道排入大气中对人体有危害的，可长时间漂游在大气中的浮游性灰尘[4]及有害气体如二氧化硫的消除工作还不够"。[5]这份调查总结是现存档案中政府第一次全面调查 20 世纪 70 年代初期北京市空气污染情况的总结报告。

由于简易土法改炉无法从根本上解决空气污染问题，进入冬季供暖，北京市的空气污染问题依然十分严重。据统计，1972 年 11 月开始冬季供暖后，北京市各局所属单位 3000 个烟囱中冒黑烟的占 2/3。

---

[1] 参见北京市革命委员会：《北京市"三废"管理试行办法》（1972 年 6 月 16 日）。

[2] 参见北京市环境保护局《大事记》编写组：《北京市环境保护大事记（1971—1985）》，1986 年，第 6 页。

[3] 参见上海工业锅炉厂研究所编：《工业锅炉消烟除尘》，上海人民出版社 1974 年版，第 1—5 页。

[4] 指直径小于 10 微米的微粒，即现称 PM_{10} 以下的可吸入颗粒物。

[5] 参见北京市卫生防疫站：《北京市大气污染调查总结》（1972 年 11 月 11 日）。

全市共约 2700 台锅炉采取了除尘措施,其中 1/3 效果较好,"有约一半有一定效果,有五分之一效果很差仍然浓烟滚滚,'一线一片'重点地区仍有三分之一烟囱冒黑烟",整个城市空气污染状况无明显改善。[1]11 月 12 日,周恩来抱病登上北海公园白塔塔基,检查北京市的消烟除尘工作,看到依然烟雾弥漫,指示北京市要搞好消烟除尘工作。[2]第二天清晨,市革委会工交城建组召开紧急会议,传达周恩来指示,进一步部署消烟除尘工作,并组织与会人员到楼顶观看烟尘污染情况。[3]

1972 年,北京市消烟除尘工作的正式展开,具有一定的开创性。但是,人们对空气污染的认识还是比较初步的,仍然将治理的重点聚焦于工业废气的末端治理。由于认识不到位和措施不足,空气污染治理未能取得明显效果。

三、北京市环境保护大会的召开

1973 年初,北京准备召开北京市环境保护大会。从 1972 年起,通过官厅水库水源保护工作等,北京的"三废"治理工作和环境保护工作已经如火如荼地展开了。通过一年的实践,适时地总结"三废"治理工作和环境保护工作的经验,反思其中的问题已经十分必要。当时主管城市规划和环境问题的万里要求,北京的"三废"治理办公室及时总结上一年工作的经验教训,做好计划,由市委出面开个会,达

---

[1] 参见"三废"治理办公室:《北京市烟尘污染调查及初步治理意见》(1973 年 1 月)。
[2] 参见北京市地方志编纂委员会编著:《北京志·市政卷·环境保护志》,北京出版社2004 年版,第 139 页。
[3] 参见北京市环境保护局《大事记》编写组:《北京市环境保护大事记(1971—1985)》,1986 年,第 6、11 页。

到总结经验、发动群众的目的。他要求环境保护工作的步子要大一点，扎实一点，市里环保会议先开，不一定等全国的会议。环保会议的目的是发动群众，提高认识，先开有好处。于是北京先于全国，首先召开了北京的环境保护工作会议。[1]

1973 年 3 月 23 日，北京市革命委员会在新侨饭店召开"北京市环境保护工作会议"，会期 7 天。[2]各区、县、局领导和中央、部队在京单位共 470 人参加了会议[3]，其中市革委会各组、市属各局、各区县、各重点企业有关负责人 390 名，各大专院校和科研单位负责人 46 名，国务院有关部门和驻京部队 34 名同志参加了会议。[4]为了把会议开好，由北京市革委会秘书长黄作珍、杨寿山、万里、张亮、陈耳东、陆达、肖英、谭壮、张益三、刘茂 10 人组成大会领导小组。

会议第一天，大会领导小组研究了如何推动环境保护工作的办法：（1）从路线的高度认识首都环境保护工作的重要性、必要性和迫切性。首都的环境保护工作，是关系到保卫党中央保护京津人民身体健康造福子孙后代的重大政治问题，是体现社会主义制度的优越性、维护国际声誉的重大政治问题。（2）只有解决好对环境保护工作的认识问题，才能充分发动群众。（3）加强对环境保护工作的领导。大会领导小组认为只有解决了以上三个问题，才能有效地落实 1973 年北京市环境保

---

〔1〕参见万里：《造福人类的一项战略任务——论中国的环境保护和城市规划》，中国环境科学出版社 1992 年版，第 65—66 页。

〔2〕参见北京市革命委员会：《关于召开北京市环境保护工作会议的通知》（1973 年 3 月 16 日）。

〔3〕参见北京市环境保护局《大事记》编写组：《北京市环境保护大事记（1971—1875）》，1986 年，第 14—15 页。

〔4〕参见大会简报组：《北京市环境保护工作会议简报》（第一号）（1973 年 3 月 23 日）。

护工作计划。[1]

大会领导小组确定了会议的目标与方法后，万里召集各小组召集人会议，布置了大会的目的、要求和开法。根据大会领导小组的布置，各小组在第一天学习了毛泽东关于"综合利用"和周恩来关于公害的讲话。会议代表们还学习了国务院 46 号、62 号、67 号文件及批语，并进行讨论，提高对保护环境重要性的认识。[2]

3 月 24 日，万里主持召开了全体大会，黄作珍作了动员报告，强调了"全面规划，合理布局，综合利用，化害为利，依靠群众，大家动手，保护环境，造福人民"的环境保护工作方针。黄作珍还传达了周恩来总理关于把首都建设成为一个清洁的城市的要求。黄作珍动员全体与会代表，必须首先认识首都环境保护工作的重要性，各级党组织，领导干部，要抓好政治思想工作，使群众认识到环境保护工作的重要性，这是发动群众的基础；必须放手发动群众；必须加强领导，建立专职机构，各级党组织，领导干部，要抓好政治思想工作，把环境保护工作列入党委的议事日程，切实把这项工作抓好。[3]

3 月 25 日，会议邀请中国科学院外事局徐肇祥、情报所陈珍成和地球化学研究所刘东生作报告，由他们分别介绍了国外公害的情况及防治动态，报告了环境保护科学家代表团访问英、美、加、瑞典期间了解到的四国环境保护管理机构和科研工作情况，讲解了各环境因素之间的关系。[4]

3 月 26 日，全天进行小组讨论，晚上，大会领导小组开会，听取

---

[1] 参见大会简报组：《北京市环境保护工作会议简报》（第一号）（1973 年 3 月 23 日）。
[2] 参见大会简报组：《北京市环境保护工作会议简报》（第二号）（1973 年 3 月 24 日）。
[3] 参见大会简报组：《北京市环境保护工作会议简报》（第二号）（1973 年 3 月 24 日）。
[4] 参见大会简报组：《北京市环境保护工作会议简报》（第三号）（1973 年 3 月 26 日）。

各小组召集人汇报。万里同志在大会领导小组会议上指出，前一段会议，主要是进行思想政治路线教育，提高认识，如何对待环境保护工作，就是两个阶级、两种观点、两条路线、两条道路斗争的问题。对首都环境污染不关心，就是阶级立场问题，是群众观点问题。"三废"污染危害群众，危害子孙后代，不把首都环境保护工作搞好，社会主义的优越性怎么体现？我们要造福于人民，以后还要长期地进行思想政治路线教育，继续提高认识。大会下一段主要解决如何发动群众搞好环境保护工作的问题。要相信群众、依靠群众、充分发动群众，通过典型介绍经验，说明依靠群众，大搞"三结合"，污染再严重，也能治理。会议由此进入第二阶段，即经验交流阶段。[1]

3月27日、28日两天上午，会议请首都钢铁公司、市房修一公司、二五一厂、北京化工厂、北京劳动保护研究所、北京玻璃研究所、北京市电镀厂、和平里化工厂、北京纺织科学研究院、宣武区革委会、德胜门鲜奶加工厂、官厅水库水源保护领导小组办公室12家单位介绍了治理污染、综合利用"三废"的经验。代表们听了典型发言，普遍感到启发很大，认为只要遵照毛主席革命路线，相信群众，依靠群众，放手发动群众，困难再大，问题再复杂，也能把环境保护工作搞好。[2]

3月29日，会议进入第三阶段，重点讨论1973年环境保护工作的计划，并研究如何落实。大会领导小组成员、市革委会文化卫生组负责人谭壮出席了卫生系统小组讨论，指出卫生部门在环境保护工作中要贯彻预防为主的方针，应当着重研究环境污染对人体健康的影响，

---

〔1〕参见大会简报组：《北京市环境保护工作会议简报》（第四号）（1973年3月27日）。

〔2〕参见大会简报组：《北京市环境保护工作会议简报》（第五号）（1973年3月28日）；大会简报组：《北京市环境保护工作会议简报》（第六号）（1973年3月29日）。

制定卫生标准并检查执行情况，特别是市防疫站要在首都环境保护工作中当好领导的参谋。卫生部门在环境保护工作中，要依靠党的领导并与有关部门搞好协作。

卫生局负责人任铭之表示，大会以后要立即召开局属卫生单位负责人会议，贯彻大会精神，落实任务。1973 年着重做好环境污染的监测工作和对重点地区人体健康影响的调查研究，抓好本系统的消烟除尘工作。医院污水处理问题，要搞好调查研究和试点。[1]

会议期间，还组织观看了《日本的水俣病》《前进中的阴影》等反映日本和英国公害污染的影片。代表们反映，日本水俣病受害者经过了那么多次的斗争，资本家赔他 20 块钱就算完了。公害问题在资本主义社会是根本无法解决的。而在我们社会主义国家，就能够解决，例如为了保护官厅水库不受污染，新建成的宣化农药厂就准备搬迁，这是资本主义国家绝对办不到的。在资本主义国家，群众受到危害，起来斗争；而我们是领导上要求大家动员起来，搞好环境保护工作。这是两种社会制度的鲜明对比。资本主义国家解决不了的公害问题，我们在党的领导下，发动群众，一定能够解决。[2]

3 月 31 日，由万里进行会议总结发言。在总结大会上，万里发表了《为建设清洁、文明的首都而奋斗》的讲话。万里在发言中指出，做好首都环境保护工作有着重大的政治意义和经济意义。北京的环境问题，总的来讲，比资本主义公害大的国家还是轻的，但是我们不能认为没有问题。通过总理、中央的督促、检查、指示，经过一年的努力，我们取得了不少成绩，摸索了一些经验。毛主席教导我们，"我们的责任，是向人民负责"，"综合利用很重要，要注意"，"综合利用大

[1] 参见大会简报组：《北京市环境保护工作会议简报》（第七号）（1973 年 3 月 30 日）。
[2] 参见大会简报组：《北京市环境保护工作会议简报》（第二号）（1973 年 3 月 24 日）。

有文章可作"。周总理批评我们，说我们不解决环境问题，子孙后代要骂我们是蠢材。我们不做贻害子孙后代的事情。总理最近又要求，要把首都建成一座清洁的城市。我们是为人民负责，必须把环境保护好，首先要保护好首都北京的环境。环境保护工作要处理好局部与整体、近期与长远的矛盾，不能采取愚民政策，而应当充分发动群众，不能等靠要、伸手要财要物，而要自力更生。万里指出，今后的任务应当是加强调查研究，加强监测工作，建立监测网和情报网；在调查研究的基础上搞好工业布局和城市规划；加强企业管理，发动群众控制住跑、冒、滴、漏，少产或不产废水、废气、废渣；突出水源保护，加强植树造林；有计划改变北京市燃料结构；充分发动群众，坚持走群众路线，不相信群众不行，不能搞愚民政策；加强科学研究；加强环境保护工作的领导，把环境保护列入党委议事日程，加强"三废"工作的各级领导机构建设，要有人专管其事，做到条块结合，系统改造，地方监督。[1]

四、北京市环境监测机构的组建

北京市组建了全国第一个环境科研机构。当时，对环境科研机构的建立有不同的认识。由于过去环境问题大多由卫生系统调查研究，因此有些同志认为应当由卫生系统负责。但是环境保护涉及物理、化学、工业设计等多个学科，仅由卫生系统负责难以协调各方面的力量。刚刚恢复工作不久的万里亲自主抓了北京市环境保护队伍建设，并主张由环境保护系统来建立环境保护科研队伍。

为了更好地开展"三废"治理工作，万里克服困难，调来了当时

---

[1] 参见万里：《造福人类的一项战略任务——论中国的环境保护和城市规划》，中国环境科学出版社 1992 年版，第 73—82 页。

正下放在密云县冯家峪公社的孟志元。孟志元长期在北京市工业交通领域工作，"文革"前任市委工交政治部办公室主任，"文革"期间受到冲击。为了让他放下思想包袱，万里亲自找孟志元谈话。孟志元回忆道："万里同志循循善诱，……就这样，我接受了这一任务。"[1]孟志元后来成为北京市环境保护工作的主要负责人之一。

万里同志不仅给孟志元安排了任务，还一起帮他制定了工作开展的路线图。万里对孟志元说："这是一项全新的任务，……你现在的任务是首先组织一支得力精干的队伍，然后开展工作。""（组建队伍）这个问题你不要受限制，要调进多方面的人才；环境保护涉及很多方面，需要各行各业的人才……要调精干的、有专业的、懂技术的科技人员。"[2]

在组建市"三废"治理办公室队伍的过程中，万里要来了北京市给排水研究所，并告诉孟志元："给排水研究所窝着一批技术人才，都是名牌院校出来的，还有从国外留学回来的，大部分都是工程师，包括博士、研究员。经历了单位下放、人员疏散，面临着人才流失，太可惜了。""我们可以把它要过来，改建成环境保护科学研究所。"

万里提到的给排水研究所就是 1957 年 6 月成立的城市建设部科学研究所。当时，万里负责城市建设部，他组建了这个研究所并邀请各地专家襄助。后来，城市建设部科学研究所改名为建工部市政工程研究所。1969 年，研究所战备疏散到河南"五七干校"，1970 年 10 月该校撤销。和其他下放到河南"五七干校"的科研院所类似，该所面

---

[1] 中共北京市委党史研究室编：《并不遥远的记忆》，中央文献出版社 2013 年版，第 355 页。

[2] 中共北京市委党史研究室编：《并不遥远的记忆》，中央文献出版社 2013 年版，第 356 页。

临着组织重组和技术人员流失的危险。1971 年 1 月，在万里的坚持下，国家建委决定将该所由北京市建设局领导，改名为北京市给排水研究所。

1973 年 4 月，经北京市革委会批准，给排水研究所改名为北京市环境保护科学研究所，归属市"三废"治理办公室，业务范围由给排水单项处理研究扩大为工业"三废"治理、城市污水处理、大气污染防治、区域环境质量评价和生态环境保护等方面的研究。1973 年，该所有职工 159 人，其中技术人员 70 人，半数以上为给排水专业。该所后来成为国内第一个综合性环境保护科学研究机构，被称为"中国环境保护研究第一所"。

五、《北京市关于环境保护工作的情况报告》

1973 年 5 月 18 日，北京市向国务院提交了《北京市关于环境保护工作的情况报告》，较为全面地反映了北京市的环境保护状况。

《报告》反映了北京市的"三废"污染与治理情况：在水污染方面，北京市区每天排出废水 100 多万吨，工业废水占 60%，这些废水不同程度地含有酚、氰、汞、铬、砷等有害物质，绝大部分未经处理即排入河道，严重污染地下水，直接威胁饮用水源。市区有 160 平方公里的地下水，某些指标超过饮用水标准。自来水公司的水源井中，2/3 不同程度地含有害物质，有 43 口超过标准，其中有 23 口已经停止使用。在空气污染方面，全市烟囱约 1.3 万个，大部分没有消烟除尘装置，每年排出烟尘 40 多万吨，二氧化硫 10 多万吨，污染了首都的空气。铅、苯、汞、黄烟、氯气等有害物质的污染在局部地区也很严重。随着对"三废"污染问题认识的提高，北京市着重抓了水和气的治理，1972 年共完成 180 多个治理项目，从这些项目中开展回收和综合利用，产值达 1000 多万元。北京市计划 1973—1975 年，主要以保护水源为主，同时抓紧对有害废气、废渣和噪声的治理。争取在 3 年左右基本控制水源污染，并在全市消烟除尘和废渣的处理方面做出显著成绩，使首都的环境质量有所改善。[1]

---

[1] 参见《北京市关于环境保护工作的情况报告》(1973 年 5 月 18 日)。

第五章

环境觉醒：1973 年全国环境保护会议

第一节　全国环境保护会议的提出

1972 年 11 月 4 日，卫生部军管会向国务院提交《建议由国家计委主持召开全国几大水系污染调查汇报会的请示报告》（〔72〕卫军管字第 525 号）。报告中表示，关于长江、黄河、珠江、松花江、渤海、东海等水系的污染问题，有关省、市、自治区均作了调查，需要召开一次会议，讨论制定今后的工作规划，鉴于这项工作很重要，涉及的部门多，任务多而繁重，卫生部只能负责制订卫生标准及了解对卫生标准的执行情况，故建议请由国家计委主持召开这次会议。[1]

11 月 8 日，李先念在卫生部《关于建议由国家计委主持召开全国几个大水系污染调查汇报会的请示报告》上批示：送国家计委研究后再批。[2]

11 月 30 日，国家计委向李先念提交了《召开长江等几大水系污染调查汇报会议的请示》（〔72〕计计字 340 号），国家计委表示同意

---

[1] 参见曲格平、彭近新主编：《环境觉醒——人类环境会议和中国第一次环境保护会议》，中国环境科学出版社 2010 年版，第 454 页。

[2] 参见《李先念传》编写组、鄂豫边区革命史编辑部编写：《李先念年谱》第 5 卷，中央文献出版社 2011 年版，第 233 页。

卫生部提出的关于召开长江、黄河、珠江、松花江、东海等水系污染调查汇报会议的意见，并建议这个会与拟在近期内召开的防止大连、上海、南京等主要港口及渤海湾污染会议合并召开。

12 月 1 日，李先念又将此件批给纪登奎、余秋里，批语写道，要召开会就要认真开。卫生部意见对，只有计委统一抓。如时间来不及，可推迟召开，务必使会议开得有结果。[1]

1972 年 12 月 21 日，国家计委向全国 23 个省、市、自治区革命委员会及国家建委、科学院、海洋局、交通、冶金、燃化、轻工、农林部、卫生部军管会发出《关于几大水系污染调查汇报会议与防治大连、上海等港口和渤海污染会议合并召开的通知》。《通知》说明根据卫生部的建议，并经国务院批准，长江、黄河、松花江、珠江、东海等水系污染调查汇报会议由国家计委主持召开。经研究，这个会议与明年（1973 年）一季度召开的防治大连、上海等港口和渤海污染会议合并召开。[2]

《通知》要求各省、市、自治区：（1）查清并携带本地区内造成长江、黄河、松花江、珠江、东海等水系及港口污染危害情况及其污染来源的资料；（2）提出"四五"期间本地区分期分批治理"三废"危害的规划及 1973 年计划安排的意见；（3）准备本地区内管理"三废"的机构和监测"三废"的机构的设置情况以及进一步加强领导及管理的措施；（4）准备防治江河湖海污染的技术措施及管理办法。[3]

---

〔1〕参见《李先念传》编写组、鄂豫边区革命史编辑部编写：《李先念年谱》第 5 卷，中央文献出版社 2011 年版，第 233 页。

〔2〕参见曲格平、彭近新主编：《环境觉醒——人类环境会议和中国第一次环境保护会议》，中国环境科学出版社 2010 年版，第 456 页。

〔3〕参见曲格平、彭近新主编：《环境觉醒——人类环境会议和中国第一次环境保护会议》，中国环境科学出版社 2010 年版，第 221 页。

1973 年 1 月 8 日，国家计委向国务院提交了《召开全国环境保护会议的请示》（〔73〕计生字 12 号）。《请示》还拟定了会议的任务：（1）研究制定预防和解决环境污染的具体方针、政策和规划；（2）研究制定我国剧毒农药的改换和安全使用农药的措施；（3）研究防治主要水系、主要港口污染的管理办法和措施；（4）研究防治主要城市污染的措施；（5）制订解决污染物质的科学研究规划；（6）制定污染物质的排放标准和监测管理办法等。为完成这些任务，国家计委建议成立全国环境保护大会筹备小组，由顾明任组长，宋养初（国家建委）、唐克（燃化部）、谢华（卫生部）为副组长，武衡（科学院）、王一之（轻工部）、杨立功（农林部）、于眉（交通部）、林泽生（冶金部）、马仪（一机部）、董晨（国家计委）等 11 位同志为成员。筹备小组在国家计委设一办公室，各部门派人参加，由董晨同志负责。[1]

国家计委随《请示》还报送了《关于全国环境保护会议内容、开法和请示的几个问题》（汇报提纲）。《汇报提纲》拟定了会议时间、地点、级别和规模：会议"预计于 8 月 5 日在西苑旅社（北京）召开，由各省、市派革委会副主任或常委一级领导同志参加，会议规模在 300 人左右"。《汇报提纲》提出了会议的计划：（1）会议领导：以国务院批准的 11 人筹备小组为基础，吸收各大组代表，组成会议领导小组。（2）会议计划安排 11 天，分 3 个阶段：用 6 天提高对环境保护工作的认识并交流环境保护方面的经验，其中拟安排 3 天大会发言；用 3 天讨论环境保护的具体方针、政策和措施，会议筹备小组办公室为会议起草了《开展环境保护工作的几点意见》；用 2 天讨论今后工开展环境保护工作的安排意见，重点是明后两年"三废"治理、监测、科

---

〔1〕参见曲格平、彭近新主编：《环境觉醒——人类环境会议和中国第一次环境保护会议》，中国环境科学出版社 2010 年版，第 221 页。

研等方面工作要点。会议筹备小组办公室起草了《全国环境保护两年（1974—1975 年）规划要点》供会议讨论。（3）请顾明同志代表会议筹备小组在会上作主题发言。（4）会议筹备了一个内部小型展览会，除会议代表外，拟请国务院和各部委领导同志参观指导。（5）会议拟请李先念副总理和业务组领导同志接见会议代表一次。请余秋里同志到会讲话。（6）会议准备印发简报，以反映会议情况、保护环境的经验、存在的问题和今后的意见，主要供中央领导同志及有关部委领导同志及时了解会议情况。[1]

《汇报提纲》提出了关于全国环境保护会议要讨论的几个问题：（1）会议将讨论通过一个纪要和《关于开展环境保护工作的几点意见》，这两个文件将作为全国环境保护工作的指导性文件，对环境保护工作提出一些原则意见和具体要求，对开展环境保护工作有指导意义，拟建议国务院批转各省市、各部门试行。（2）关于环境监测机构。《汇报提纲》建议拟利用现有卫生系统卫生防疫站，适当加以调整和充实，担负起监测任务，这是比较现实可行的，各地方根据实际情况，也可以设立专门机构。（3）关于环境机构问题。《汇报提纲》指出，目前世界上许多国家都相继设立了国家的环境保护机构，我国各地区、各部门也有迫切要求。由于环境保护涉及工业、城建、农业、水产、卫生、海洋、气象、科研等各个方面的综合性工作，由现在的一个业务部门兼管比较困难。《汇报提纲》建议由国务院设立一个环境保护局，在目前也可考虑委托一个委或部代管，各地区、大中城市和国务院有关部

---

[1] 参见曲格平、彭近新主编：《环境觉醒——人类环境会议和中国第一次环境保护会议》，中国环境科学出版社 2010 年版，第 222—223 页。

门，也应设立相应的机构。[1]

第二节　全国环境保护会议的筹备

1973 年 5 月初，会议筹备组安排了五个小组分赴各地，广泛征求对这些文件的意见，进一步作了修改。同时，还在筹备一个环境保护小型展览会，准备在会议期间展出。为了普及和提高有关环境保护的知识，会议筹备组举办了十五次大型座谈会，座谈了生态学、化学、地质学、气象、医学、林业、水产、海洋、放射性物质等方面的情况。

通过调查研究，整体上看当时中国的环境污染问题已经开始出现，一些河流、湖泊、海湾和城市的水源已受到不同程度的污染，水质恶化，鱼产量下降。有些城市空气污染也较严重，直接影响人民健康。

比如，长江沿岸有 21 个大中城市直接把废水排入江中。经检查，长江自渡口以下，重庆、宜昌、武汉、九江、南京、上海各江段的水中，均含有过量的有毒物质。南京江段明显的污染带长达 12 公里。南京鲥鱼产量 1958 年为 530 吨，1972 年降为 83 吨，当地渔业队反映，1970 年捕鱼量比 1969 年减少了一半。杭嘉湖地区原是"河水常清鱼常在"的"鱼米之乡"，现在群众反映是"黑水常在鱼不见"。淡水鱼产量连年下降，有的渔业队吃光了国家贷款，只能等待救济。杭州、苏州等水乡城市，由于河道污染，方圆 10 里内找不到自来水水源。鞍山市工业区每月每平方公里降尘量高达 534 吨；北京石景山地区的北辛安为 173 吨，朝阳、西城区也在 90 吨以上；这些地区呼吸道疾病比空气清洁地区高 1—3 倍。鞍钢存渣已达 1 亿多吨，堆成 50 米高、延

---

[1] 参见曲格平、彭近新主编：《环境觉醒——人类环境会议和中国第一次环境保护会议》，中国环境科学出版社 2010 年版，第 223 页。

绵几公里的渣山。农业中大量使用六六六、滴滴涕等农药，有些地区在粮食、蔬菜、水果、鸡蛋、烟叶、水产品中均已发现过量残毒，影响了出口任务。据中国粮油食品进出口总公司反映，西德倍尔公司对我国出口的干蛋黄粉检验，50 个样品中只有 5 个符合西欧共同市场规定。浙江省去年对全省 200 亿斤粮食进行化验，有 100 亿斤被汞污染，其中 4 亿斤不能食用。这些材料由国家计委制作成 12 期简报上报给周恩来和其他国务院领导同志审阅。这些情况反映都说明中国当时的环境问题虽然没有资本主义国家严重，但也到了不能不重视的程度，任其发展就会影响子孙后代。环境保护的问题，必须引起各方面足够的重视，并采取切实有效的措施。这也说明了全国环境保护会议召开的及时性。

经过调研、交流和讨论，会议筹备组草拟了《关于开展环境保护工作的几点意见（讨论稿）》《全国环境保护两年（1974—1975 年）规划要点》《关于城市环境保护的情况和今后的意见（征求意见稿）》《关于加强环境监测工作的意见（讨论稿）》《关于防止企业有毒有害物质危害的规划（讨论稿）》《关于〈工业企业设计卫生标准〉修订中的说明》《工业"三废"排放试行标准（讨论稿）》《防止沿海水域污染暂行规定（讨论稿）》《自然保护区暂行条例（草案）》《放射防护规定（讨论稿）》等一系列环境保护工作的基础文件。

一、《关于开展环境保护工作的几点意见（讨论稿）》

会议召开前夕，《关于开展环境保护工作的几点意见（讨论稿）》完成。《讨论稿》首先回顾了新中国成立以来的现代化建设成绩和"三废"综合利用经验，指出随着工业的不断发展，"三废"会越来越多，是否治理环境污染是资本主义和社会主义路线的不同，并坚信在社会主义公有制的经济基础上，一切从人民的利益出发，只要我们一旦认识了这个问题，采取措施，就一定能够预防和消除污染危害。为了开展环境保护工作，认真治理工业"三废"污染危害，《讨论稿》提出十点建议：

（一）做好全面规划

各地区、各部门制订的发展国民经济计划，要根据环境保护的要求，统筹规划，全面安排，既要使工业、农业和其他各项事业协调发展，又要使环境得到保护和改善。对自然资源的开发，特别是兴建大型水利、矿山和交通运输工程，以及围垦湖泊、采伐森林等，要考虑到对自然环境的影响，不能只看眼前，不顾长远；只看局部，不顾全局。

（二）工业要合理布局

工业布局要认真贯彻执行大分散、小集中、多搞小城镇的方针，本着城乡结合、工农结合、有利生产、方便生活的原则，建设新型城镇和工矿区。今后，凡排放"三废"较多的新建企业，如大型冶炼厂、石油化工厂等，一般不再放在大城市，或集中形成新的大城市。城市中工业的配置，要结合环境保护的要求，妥善进行安排。工业区、居住区之间要有一定的卫生防护地带。工业企业的厂址选择，要作全面调查，不仅要注意原料、动力、水源、交通等条件，而且要考虑地质、地形、水文、气象、排污水等条件，综合研究，使之符合环境保护的要求。禁止在城镇水源上游建设排放有毒废水的工厂。一切新建、扩建和改建的企业，凡有污染危害的，在兴建时就要采取有效的治理措施，否则，不得批准建设。污染治理项目和主体工程同时设计，同时施工，同时投产。正在建设的企业，没有采取治理措施的，也要补上。

（三）大搞综合利用

这是解决污染危害最积极的途径，也是多快好省地发展工业的必由之路。综合利用要抓住重点。对综合利用产品，要制定相应的价格税收政策。有些综合利用的"三废"物资可以在一定时间内不收费、不收税，或者少收费、少收税，有的要给予扶植，适当贴补。对于生产过程中必须排放的"三废"有害物质，要严格执行国家颁发的有关污染物的排放标准。超过标准的，不准任意排放。要发动群众，进行技术革新，改革生产工艺，尽可能使"三废"消灭在生产过程中。要加强企业管理，搞好设备维修，避免生产事故，消除跑、冒、滴、漏。污染特别严重的单位或产品，要采取有力措施解决污染问题，必要时可以限期停产改造。造成污染危害事故的，要严肃处理。

（四）重视对土壤和植物的保护

农业上使用化学农药和化学肥料要合理，要采取多种措施，保持和改善土壤肥力，提高农作物产量。对于农业的病、虫、草害，要大力开展综合性防治措施，如选育抗病良种等，减少农药使用数量；努力发展防治病、虫、草害效果高，对人畜毒害低，对农作物、水源和土壤残毒少的生物、化学新农药，逐步取代残毒比较大的农药。要求在"四五"期间把六六六、滴滴涕农药取代三分之一，"五五"期间基本取代。在取代前，要提高六六六的有效成分，减少无效成分造成的污染。严禁汞制剂农药的生产和使用，积极发展代替汞制剂的新品种。为了保证出口的需要，在某些农副产品的出口基地，应选用无残毒的农药。要加强对农民使用化学农药的宣传教育，使农民掌握使用各种农药的科学知识，避免对人畜和农作物的危害。

（五）有计划地改造老城市

老城市是当前开展环境保护工作的重点，要采取积极有效措施，有计划地加以改造。要严格控制城市规模。现有大城市一般不再新建大型工业，必须新建、扩建的配套项目，应当建在远郊区。对现有严重污染环境的企业、事业单位，要一个一个地做出治理规划，限期进行改造；有些暂时还难于处理的，要加紧科学研究，个别的可搬迁至适当地点。加强城市"五小"工业和街道工业的管理，对那些有害环境的，要分别情况，合理进行调整。今后，在居民稠密的市区，不准设立有害环境的企业、事业单位。要保护水源，特别是地下水源。禁止采用渗井、渗坑排放有毒废水、废渣；避免过量开采地下水；搞好废水的处理和利用，力争做到循环用水，节约用水，并逐步完善城市的排水系统和污水处理设施。要努力降低城市的烟尘量。各单位的排烟装置，都要采取行之有效的消烟除尘措施。要在人口稠密的大城市，有计划、有步骤地以煤气、天然气、燃料油和液化气等代替煤炭作燃料，逐步推行区域供热，取代分散的锅炉。要注意消除各种噪声，保持环境安宁。要积极利用工业废渣，生产各种建筑材料和回收金属原料。老城市改造，首先集中力量抓好 14 个城市，这些城市是北京、上海、天津、沈阳、大连、吉林、南京、杭州、青岛、武汉、广州、成都、兰州、西安。各省、自治区也要抓好一两个城市。目标是：在三五年内，使环境面貌有较大的改善，争取尽快消除工业污染危害，成为清洁的城市。

（六）加强水系和海域的管理

对于水系要根据不同情况，逐步制订不同的标准和管理办法，大体可分为三级：一是供人们饮用的水源和风景游览区，必须保证水质清洁，严禁污染；二是农业灌溉、养殖鱼类和其他水生生物的水源，要保证动植物生存的基本条件，有害物质在动植物体内的积累不致影响食用的标准；三是工业用水源，污染物的排放，要符合工业生产对水质的要求。全国主要江河湖泊，都要设立管理机构，负责监督沿岸工业和生活污水的排放；制定流域规划，合理利用水力资源；对已经受污染的河流，要做出治理方案。近几年内，要重点治理渤海、长江、黄河、松花江、珠江、官厅水库、洞庭湖、太湖等主要水系和海域。浙江的富春江、山西的汾河、山东淄博地区的河川、江苏的阳澄湖等，也要积极采取措施，认真加以治理。全国主要港口要加强港务监督，试行《防止沿海水域污染暂行规定》。禁止船舶在港内排放洗、压舱水和污水以及其他有毒物质。油轮应逐步安装和使用油水分离器。大连、秦皇岛、天津、上海、青岛、湛江和南京等港口，要设置废油处理池等设施，以保证港口清洁和安全。农林部门要会同有关部门加强对污水灌溉农田的管理工作，认真总结经验，制定污水灌溉农田的管理办法。

（七）认真开展环境监测工作

监测是掌握环境污染动向和预防污染危害的重要环节。要充实、调整现有的卫生防疫站力量，尽快建立起各级环境监测系统，有的地区也可以由环境保护部门筹建监测机构。要给他们以监督和检查的职权。同时，要积极发挥水文站、气象站和其他专业机构的监测作用。监测机构的主要任务是：定期调查水系、海域、大气、土壤、食品等污染情况，研究对人的健康的影响；监督和检查企业、事业单位执行国家卫生标准和污染物排放标准的情况，及时向有关部门作出报告；指导和协助企业、事业单位开展监测工作等。各企业、事业单位和群众团体都应积极协助和支持他们开展工作。大中型企业要指定机构或专职人员，监测本单位污染物的排放，避免对环境的污染。卫生部门要会同有关部门做好环境污染物的调查研究和科学实验，修订卫生标准和制订污染物的排放标准。标准的制订，要从我国实际情况出发，既要防止产生危害，又要切实可行。卫生部门和劳动部门要认真做好职业病的防治和劳动保护工作。

（八）植树造林，绿化祖国

植树造林，实现大地园林化，不仅是调节气候、保持水土、发展农牧副业的重要条件，也是净化空气、消除污染的一项积极措施，是维护和改善环境的一个重要方面，各地区、各部门都要作出切实可行的绿化规划，迅速提高全国森林覆盖面积，特别是要努力增加大中城市的绿化面积。各地区要认真落实有关造林政策，广泛发动群众，绿化一切可能绿化的荒山荒地，在宅旁、村旁、路旁、水旁，凡有可能，都要种植树木。在厂矿区内部和周围，要充分利用闲散空地植树造林。有害废气排放量大的厂矿，要选植抗毒、吸毒的树种，以过滤和吸收有害物质。要加强对森林资源、国家划定的自然保护区和各种防护林的管理，严禁乱砍滥伐。要保护草原。城市林木、公园和风景游览区必须妥善管理，不得破坏，不要任意侵占。

（九）大力开展环境保护的科学研究工作

科学研究部门、大专院校和厂矿企业，都要把保护环境、消除污染作为科学实验的重要内容。要做好科研规划，尽快拿出成果。在发展新产品、改革新工艺的同时，要研究"三废"的处理。当前，要把研究污染物的危害、测定方法和消除水源、空气的污染，作为重要研究课题。找出油、酸、碱、酚、汞、砷、铅、铬、镉、氰、硫、氟及放射性等有害物质和粉尘，以及一氧化碳、二氧化硫、二氧化氯等污染物的综合利用和消除污染的各种途径。有组织有计划地对污染源进行调查，积累科学资料，摸清污染物在环境中的运动规律、各种环境因素之间的相互关系、生态平衡及其动态规律等。研究监测分析的新技术，试制微量分析仪器，搞好定点生产。要广泛开展领导干部、工农兵群众、科技人员"三结合"和生产、使用、科研"三结合"的科研活动，加强科学技术情报和学术交流工作，注意引进先进的科学技术，迅速提高环境保护的科研水平。中国科学院、工业部门和工业比较集中的地区，要筹建环境科学研究机构。要指定一些大专院校开设环境保护专业或课程，培养专业人员。

（十）加强对环境保护工作的领导

各级党委和革委会要把环境保护作为抓革命、促生产的一项重要内容，列入议事日程，指定负责同志分管这项工作。各省、市、自治区和计划、城建、工业、交通、农林、卫生、科研等部门，都要设置机构或专人管好这件事。环境保护要纳入计划。保护环境、治理"三废"的建设项目和科研计划，要根据不同情况，分别纳入省、市、自治区或国家的技术措施、科学研究和基本建设计划。新建、改建和扩建项目的投资，要包括"三废"治理的费用。老企业的综合利用措施，要优先安排。另外，国家每年拿出一笔投资，用于其他方面的环境保护。环境保护所需材料、设备、仪器等需安排落实。[1]

《讨论稿》所提出的十条建议具有很强的针对性和前瞻性，即使在今天看来也不落后。

二、《全国环境保护两年（1974—1975 年）规划要点》

会议筹备办公室起草了《全国环境保护两年（1974—1975 年）规划要点》。

《规划要点》提出了当时的环境保护工作远景目标："争取在 70 年代末期在加速发展生产的同时，基本上消除对环境的污染。"为此，《规划要点》提出了六个方面的要求：

---

[1] 参见曲格平、彭近新主编：《环境觉醒——人类环境会议和中国第一次环境保护会议》，中国环境科学出版社 2010 年版，第 258—263 页。

（一）重点治理工业"三废"污染

《规划要点》要求：发动工矿企业的广大职工，开展综合利用，努力消除"三废"危害。有关省、市和有关部门，在近二三年内，首先要重点治理危害大的重点企业。要大力改革工艺，提高企业管理水平，千方百计减少污染物的排出，对必须排出的"三废"进行综合利用和适当的净化处理。

《规划要点》要求：（1）在废水处理方面，重点治理含有酚、氰、油、汞、砷、镉、纸浆黑液等的废水；（2）在废气方面，重点治理烟尘、重金属粉尘，含有二氧化硫、氟化物、氯化物、硫化物等废气；（3）在废渣方面，重点治理电厂粉煤灰、铬渣、硫铁矿渣、钢渣、高炉渣以及放射性废渣等。

《规划要点》要求燃化工业在接下来的两年时间里要回收硫铁矿渣140万吨，酚2000吨、氟硅酸盐4000吨、氯及氯化氢1.8万吨，其他化工原料14万吨，减少泄漏排放的水银30吨。燃化工业的"三废"回收率应达到：硫铁矿渣50%，含氟气体15%，酚40%，氯及氯化氢80%以上，水银15%。

《规划要点》提出，"四五"期间要积极研究发展高效、低毒、低残留的新农药，如杀虫脒、西维因、杀螟松、棉萎灵等并适当发展敌百虫、乐果等有机磷农药以代替六六六、滴滴涕和汞制剂，争取在"四五"期末停止使用汞制剂农药，减少六六六、滴滴涕产量1/3。

《规划要点》要求冶金工业在接下来的两年时间里要以治理酚、氰污水和二氧化硫烟气为主，争取在三年内基本消除大、中型企业酚、氰污水、高浓度三氧化硫烟气和铬渣对水源、大气的污染。回收钢铁渣用于建筑材料。1975年要增加回收酚3000吨，硫酸20万吨，处理铬渣3万吨，高炉渣350万吨。"三废"回收率达到：酚20%，二氧化硫 50%，铬渣 100%，铁渣 70%。

轻工业方面，《规划要点》要求 1975 年造纸行业碱回收能力达每年 18 万吨，为全行业耗碱量的 25%，并解决小型纸厂废液回收问题；纸厂用水量比目前降低 40% 以上。猪、羊皮革加工要采用酶法工艺，占全行业的 20%。化纤厂要积极回收硫黄、芒硝、二硫化碳，要求 60% 的化纤厂都解决"三废"处理问题。印染厂要做到 40% 的工厂清水回用，污水处理，减轻污染。灯泡、电池、温度计等用汞行业车间空气含汞浓度要达到国家规定标准。

《规划要点》要求建材工业在接下来的两年时间里要把积极利用工业废渣作为今后建筑材料的发展方向。根据《规划要点》，"四五"期间，建材工业要较快地发展废渣砖、粉煤灰砖及砌块、矿渣水泥、钢渣水泥和粉煤灰水泥等。《规划要点》计划明后两年增加制水泥用高炉渣 350 万吨；制砖用电厂灰 140 万吨，把非黏土砖产量由 20 亿块提高到 40 亿块左右，约占砖产量的 14%。《规划要点》要求重点城市的电厂灰争取基本上都利用起来。

《规划要点》要求新建、扩建、改建的基本建设项目，一定要在计划、设计和施工过程中同时安排保护环境治理"三废"的措施项目。《规划要点》要求各地、各部门 1973 年内对"四五"期间投产的基建项目，按照"三同时"的原则进行一次全面检查，应列未列的"三废"治理项目，都应补列计划、补做设计，并落实安排施工力量。在 1974年内狠抓二三年内开工项目的计划安排和设计审查，凡不合"三同时"要求的项目一律不得开工建设，严格控制新的污染源。

（二）重点治理城市污水和煤烟粉尘

《规划要点》划定了"四五"期间重点治理城市的三个层次：首先是北京、上海、天津、沈阳、大连、广州、杭州、武汉、南京、青岛、成都、兰州、吉林、西安 14 个重点城市，其次是 42 个 50 万人口以上的城市和省会，然后是所有 180 个设市的城市。

在治理工业废水和城市污水领域，《规划要点》提出，"四五"期间，城市环境保护的重点是治理工业废水和城市污水。各城市要协同工业部门抓紧工业废水的综合利用和回收处理，要充分利用现有城市污水处理厂，扩大处理能力，提高处理水平。还没有污水处理厂的 50 万人口以上的城市和省会城市，要建设一定能力和水平的污水处理厂。要提高城市下水道普及率，逐步健全城市排水系统，消灭市中心区的臭水明沟，加紧改造北京的长河、莲花湖，天津的蒿子河、卫津河，上海的苏州河，杭州的东河、中河，武汉的黄孝河，沈阳的卫工渠、肇工渠，南京的秦淮河，广州的东豪涌、司马涌，济南的工商河、小清河，哈尔滨的马家沟等排污河道修建污水截流工程，保护水源，特别是地下水源。要在北京、上海取得大量生化处理（二级处理）和少量深度处理（三级处理）的经验。使全国污水处理能力增加 1 倍（从每天 60 万吨增至 120 万吨左右）。

在治理城市空气污染领域，《规划要点》提出，要进一步抓好消烟除尘工作，降低重点城市和工业区的降尘量，争取在"四五"期间全国城市 50% 的烟囱达到除尘要求，北京、上海、杭州、广州等城市要做出样板，尽快实现烟囱不冒黑烟。

《规划要点》提出了逐步改变城市燃料构成的计划。《规划要点》提出，在具有气源的城市，如北京、天津、上海、沈阳、哈尔滨、南京、吉林、武汉等利用工业尾气，发展城市煤气，做到可燃尾气不再放空。近二三年内，重点利用炼油厂液化气 12 万吨，发展民用煤气 90 万户，使全国城市煤气用户增加 1.5 倍。北方城市配合电力建设，在北京、辽宁进行区域供热的试点。

（三）把水系和海域的管理工作迅速组织起来

《规划要点》要求跨省市的水系要参照官厅水库领导小组的经验，成立联合管理机构。首先是长江、黄河、松花江、珠江和渤海的管理机构，要在二三年内组织制定流域污染防治规划和水的资源利用规划，要会同沿岸城市，协调上下游关系，制定出地区性的污水排放标准、水产资源保护办法和本水系的管理办法，并与有关省市共同监督实施。中央有关工业部门要制定本行业单位产品的用水量和排水量标准，节约水的资源，控制排污量，减少水污染。

《规划要点》要求在 1975 年前大连、秦皇岛、南京、上海、青岛、湛江等港要增加废油回收、净化、贮存和垃圾处理等设施，建造若干监测快艇、港内污物收集船，油轮油水分离器和消除海上油污事故的器材设备，以确保《防止沿海水域污染暂行规定》的实施。

（四）认真组织力量，把全国环境监测网的架子搭起来

《规划要点》提出"四五"期间要大力加强监测工作，建成各级监测站 70 个，使全国大部分地区能进行一般监测项目的分析化验，重点地区能完成各种有害物质较高精度的微量分析并进行科学实验。《规划要点》要求重点建立健全北京、上海、辽宁、广州 4 个监测站，赶上 20 世纪 70 年代的监测水平。各监测站、指定的气象站和水文站要着重监测大气中烟尘、重金属粉尘及含有硫、氟、氯等废气和水体中汞、砷、氰、铬、酚等及其他严重影响当地环境的污染动向，监督检查厂矿企业执行排放标准和卫生标准的情况，并定期向有关领导部门提出监测报告。卫生部和国家环境保护主管部门要组织有关单位统一检测项目的操作规程和化验方法，首先统一当前侧重监测的几项有害物质，并尽快对其他有害物质的测定化验方法作出统一规定。要求一机、轻工等部门，对监测仪器、玻璃器材及其他采样检验设备组织研制，落

实生产，以适应监测工作需要。

（五）积极开展环境保护科学研究，快步跟上防治任务的发展

《规划要点》要求：燃化、冶金、轻工、水电等部门近二三年内要抓紧对"三废"综合利用和处理的研究，填补技术上的空白点；对现有处理技术要进一步探求高效低耗的新技术。农林部门要总结各种污水灌溉的经验，对农药污染危害作出科学的鉴定。水利和地质部门要对水体稀释自净的规律进行研究。卫生农林部门要完成主要工业毒物和农药对人和动植物的毒性及毒理的研究。中国科学院、医学科学院、农林科学院和省、市的有关科研单位，要提出水、气、土壤、农副产品及其他食品中常见毒物超微量分析测试方法。中国科学院和有关高等院校要开展环境保护的基础理论研究。

《规划要点》提出，"四五"期间，要充实和建立必要的研究机构，抓紧技术干部的培养，在有条件的院校增设环境保护课程和有关专业。

（六）勤俭建国，自力更生，妥善安排必要的资金和材料设备

《规划要点》要求：今后新建、扩建和改建的基本建设项目中均应包括保护环境防治污染的措施，计划投资不再另辟渠道。各工业部门要总结经验，在安排基本建设计划时以一定的比例用于综合利用防治"三废"。"四五"期间为加快步伐控制污染的发展，国家和地方要增拨一定的资金和设备材料，作为老企业、老城市的环境保护补助费用。各厂矿企业在技措费用中也应抽一定的比例，作为改革工艺，解决污染问题之用。环境保护的材料设备列入物资计划，随同投资，及时下达，安排落实。

《规划要点》还要求各省（市）、自治区、各部门、各主要水系管理部门，根据《规划要点》要求，进一步发动群众，深入调查研究，打破行业界限，优先利用"三废"资源，条块结合，以块为主，由下

而上提出 1974、1975 年的环境保护计划草案，按现行计划管理渠道分别列入地方或国家的基建和科研计划。

三、《关于城市环境保护的情况和今后的意见（征求意见稿）》

《征求意见稿》首先回顾了 20 多年来我国城市的社会主义建设成就：过去的消费城市，已改造成为生产城市；一大批新型的工矿区已经建设起来，工业布局有了重大改善。

《征求意见稿》紧接着指出了当时城市污染的问题：我国城市污水（包括工业废水和生活污水）的总排放量，每天 3000 万吨以上。其中，工业废水约占 70%。工业废水中，含酚、氰、汞、砷、铬等多种有害物质。不少企业对废水不作处理，任意排放，污染了城市水源。吉林市的 8 个水源，7 个受到污染，有的已经报废。北京市西郊 100 多平方公里面积的地下水也受到污染，有的已经报废。城市污染水未经处理，长期排放，在一些城市出现了新的臭水沟，如沈阳的肇工渠、卫工渠，济南的工商河，北京的莲花河，武汉的黄孝河，杭州的中河、东河等。工业废水危害了农业、渔业生产。郑州东郊的麦田连续 6 年受制药厂废水毒害。著名的"鱼米之乡"杭（州）嘉（兴）湖（州）地区，因工业废水排入鱼塘，水产资源遭到破坏，仅 1971 年就损失鲜鱼 15 万担，不少渔民被迫转业。上海、天津、广州、青岛、大连等城市，港口、海湾也受到污染，水产大幅度下降。我国许多河流湖泊不同程度受到污染，城市是主要的污染源。

《征求意见稿》继而指出：我国一些城市，空气污浊。有的工业区烟雾弥漫，严重危害人民健康。北京市石景山的北辛安每平方公里月降尘量 173 吨，鞍山工业区高达 534 吨。由于空气污浊，城市居民呼吸道疾病日渐增多。有毒废气的污染也很严重。沈阳铁西区空气中二氧化硫含量，超过国家标准 4.4 倍；成都青白江地区，大气中氟化氢的含量，超过国家标准 57 倍。工业有害气体危害市郊农业，在许多城市都有发生。

《征求意见稿》接着指出：城市工业废渣越来越多，占用和毁坏农田。一些有毒废渣，未经处理，乱堆乱放，污染环境。锦州铁合金厂排出的铬渣，严重污染了土壤和地下水。电厂的粉煤灰，大量排入江河，污染水体，淤浅航道。

《征求意见稿》还指出：一些新兴工业城市和边远地区的城市，环境也受到污染。天水市在三线建设中，对环境保护注意不够，主要水源已被污染；乌鲁木齐的水磨沟，原是一条秀溪清涧，现已成了臭水沟。有些重要的风景区，如桂林的漓江、云南的滇池，也受到污染。

《征求意见稿》分析了污染产生的主要原因：一个是对污染的重要性和保护环境的重要性认识不足，工作上抓得不力。另一个是由于放松了城市规划和管理，有些厂址选择不当，造成了一些不该发生的问题。如河北省沙城农药厂，建在官厅水库附近，污染了首都的重要水源；苏州市不按规划建设，在城市四周建了化工厂，使地表水普遍受到污染。

《征求意见稿》认为，城市工业集中，人口稠密，我国的环境污染，主要在城市。由此，《征求意见稿》对治理城市环境污染保护城市环境提出六项措施：

（一）合理安排工业布局，严格控制城市规模

工业布局，要认真贯彻大分散、小集中和多搞小城镇的方针。工业分散布局，对于防止污染，保护环境具有重要意义，今后新建工业项目，要尽量利用现有城镇的基础。建设小型工业城市和工矿区。大中城市的规模，要严格控制。大城市一般不再新建大型企业，特别是

冶炼、石油、化工等大量排放"三废"的企业。必须新建的，要尽可能放到远郊区，并采取必要的防治措施。

城市和工矿区的规划，要十分注意环境保护的要求。工业、交通、居住等各项建设，要统一规划、合理安排。要根据工业的特点，合理分区；在城市水源上游，不要建设排放有害废水的工厂。在风景游览区、疗养区和名胜古迹附近，不要建设有碍环境的工厂。

新建工厂的"三废"治理项目，要纳入建设计划，与主体工程同时设计、同时施工、同时投产。有关部门在选择厂址、审查设计时，应严格把关。正在建设的工厂，没有防治措施的，要认真补上。

现有工厂，凡有"三废"污染的，都要积极治理。对污染特别严重的，要有计划、有步骤地加以调整或迁出。城市的街道工业，要加强规划和管理，减少对居民区的污染和干扰。

（二）认真治理废水，保护城市水源

城市污水，是城市环境的主要污染源。城市环境保护，应以治理污水为主；治理污水，应以工业废水为主；工业废水的治理，应以工厂分散治理为主。在工厂治理的基础上，城市还必须进行综合处理。

城市水源，与生产建设和人民生活关系极为密切。要采取有效措施，保护水源。凡是已受污染的，要抓紧治理；未受污染的，要加以防护。

排放有害废水的工厂，要积极开展综合利用，认真治理废水。城市要列出一批废水排放量大、危害严重的工厂，作为重点，切实抓紧，认真解决。

城市建设部门，要有计划有步骤地建设污水处理厂，对城市污水进行综合处理。北京、上海、天津等城市，还可建设一些污水三级处理工程。

城市排水系统要逐步完善。要有计划地整治臭水沟、污水坑，修建污水截流工程，逐步将污水引离市区和水源地，集中处理。要保护城市的河流湖泊，防止污染。

医院、疗养院、生物研制单位和屠宰场排放的含有病毒、病菌的污水，要严格消毒处理，确保无毒排放。

城市污水有一定肥效，应积极、慎重地用于农田灌溉，支援农业生产。对污水要认真处理，要注意防止对土壤和地下水的污染，防止农作物过量残毒。

（三）抓紧废气治理，净化城市空气

城市废气的治理，当前要重点抓好消烟除尘，同时注意有害气体治理。

城市煤烟粉尘，量大、面广，危害严重，是城市大气污染的重要因素。各个城市都要普遍发动群众，采取改造锅炉和安装除尘装置等措施，消除煤烟粉尘污染。从长远看，需要有计划地改变燃料构成，逐步以煤气、天然气、燃料油和液化气代替煤炭。要积极利用现有石油、化工、冶金、焦化工业企业排放的各种可燃气体。北方的城市，还可配合电力建设，逐步推行区域供热，减少分散的锅炉烟囱，减轻城市烟尘污染。

工业有害气体，也要抓紧治理。凡是排放有害气体的工厂，都要采取措施回收利用；一时无法利用的，要认真处理。

治理废气，要明确重点，抓住不放，做出成绩。对于那些污染严重的工业区，如吉林哈达湾区、北京石景山区、上海沪西区、沈阳铁西区、鞍山工业区、武汉青山区、兰州西固区、成都青白江工业区等，要采取有力措施，积极治理，净化空气。

（四）积极利用废渣，加强垃圾管理

城市的工业废渣，要大力开展综合利用。要统筹规划，打破行业界限，广泛利用工业废渣，生产各种建筑材料。工矿企业要廉价或无偿提供废渣，为利用废渣创造条件。利用废渣生产的建筑材料，在产品价格及税收、供销等方面，要适当给予扶持和照顾。

工业废渣的利用，也要抓住重点。电厂的粉煤灰，量大，占地多，有关单位要通力协作，大力发展粉煤灰砖和砌块，代替黏土砖。在城市新建电厂，应相应建设利用粉煤灰生产建筑材料的工程。

工业的有毒废渣，工厂要积极开展综合利用，妥善处理，不要任意堆放或排入水域。

城市要经常开展群众性的爱国卫生运动，搞好环境卫生。要加强垃圾粪便管理，充分利用垃圾粪便，支援农业生产。城市垃圾处理场的位置，应根据规划要求，与市区保持一定距离。

城市要大力开展废品的回收和利用。废品回收利用，对节约原材料、创造社会财富、维护城市卫生、防治环境污染都有重要意义。随着生产和科学技术的发展，废品利用途径越来越广，综合利用大有可为。各城市要充分发动群众，进一步搞好废品回收利用工作。

（五）大力开展绿化，注意控制噪声

城市绿化，是保护和改善城市环境的一项重要措施。要广泛发动群众，利用厂区、住宅区、路旁、水旁、庭院和一切可以利用的空地，种植树木。要注意苗圃建设，培植生长快，有吸毒、抗毒能力的树种。有条件的城市，还可利用空地种植一些草坪。

城市的园林绿地，要加以保护和管理，不得随意占用，严禁随意砍伐树木。

城市的噪声，要加以控制。在居民区内，噪声大、严重干扰四邻

的工厂，要采取措施，加以解决；城市机动车辆的噪声、汽车的高音喇叭，有关部门要严格管理，注意控制。新建机场、铁路编组站，要按照城市规划的要求，合理选择位置，尽量减少噪声对城市的影响。

（六）做好全面规划，切实加强领导

城市环境保护，要"全面规划，加强领导"。要组织力量，调查研究，摸清污染状况，制定治理规划，有计划地、分期分批组织实施。要加强城市环境保护的领导，充分发动群众，调动各方面的积极性，认真抓好典型，不断总结经验，做好工作。

《征求意见稿》要求，城市环境保护，要有明确的奋斗目标。重点城市、开放城市，应当在三五年内，基本上消除煤烟粉尘污染、整治好臭水沟。在较短时间内，应有较多的城市以粉煤灰砖代替黏土砖。各城市要列出一批污染严重的单位，逐项落实措施，集中力量打歼灭战，一个一个地加以解决。

《征求意见稿》提出，城市环境保护，是一项艰苦的长期的任务，做好这项工作，要有一个很大的干劲，要做坚持不懈的努力。《征求意见稿》号召，要"一切从人民的利益出发"，正确处理发展经济和保护环境的关系，按照"全面规划，合理布局，综合利用，化害为利，依靠群众，大家动手，保护环境，造福人民"的方针，大力开展城市环境保护工作，为把我国的城市建成清洁的城市而奋斗！

四、《关于加强全国环境监测工作的意见（讨论稿）》

《讨论稿》指出，监测是环境保护工作的重要环节，是掌握水源、大气、土壤等外界环境污染动向的手段，对于预防和消除污染危害，保障人民健康，促进工农业生产具有重要的意义。《讨论稿》对建立健全监测机构、环境监测工作的任务和各部门与环境监测部门的关系作出了原则性规定。

《讨论稿》要求力争在"四五"至"五五"期间，全国重点建立环境监测机构并逐步健全达到完善。《讨论稿》明确指出，全国环境主管部门负责筹建全国环境保护监测中心，负责全国环境保护监测工作的指导和科学研究等任务。《讨论稿》要求，各省、市、自治区以及重点城市和地区，在卫生防疫站的基础上，逐步进行适当的充实，担负本地区的监测任务，并向卫生和环境保护主管机构报告工作。有的地区也可以在地方环境保护主管机构领导下单独建立监测机构。全国环境保护监测中心和各级监测机构的人员以卫生防疫站原有从事"三废"卫生工作的人员为骨干，其余所需人员由各级地方党委负责从有关业务部门中抽调。《讨论稿》规定，环境保护监测经费以及仪器、设备都要纳入国家和地方环境保护计划。

《讨论稿》规定了环境监测工作的任务范围：（1）检测有害物质对江河、湖泊、水库、河流入海口海域、地下水、大气、土壤的污染情况；检测有害物质在粮食、蔬菜、水产品种的残留或蓄积以及对人体健康的污染危害情况，并查清污染来源，为环境治理提供依据。（2）依据国家环境保护的有关规定，对现有厂矿、交通、科研、医疗等部门的有害物质排放和污染危害情况，进行监督；参加新建、扩建、改建、迁建厂矿企业的厂址选择和"三废"处理设施的设计审查工作。（3）结合监测任务，开展科学研究，不断提高工作质量。

《讨论稿》指出，环境保护监测工作涉及各个部门、多种学科，搞好这项工作，除依靠环境保护监测机构外，还必须由各部门密切协作，实行专业队伍和群众运动相结合。《讨论稿》原则性地划定了各部门的工作重点：（1）工业部门（包括交通和国防工业）所属大中型厂矿要设置专门机构或人员，搞好本单位有害物质排放情况的检测，及时向当地环境保护监测机构报告，并接受环境保护监测机构的业务指导。（2）卫生部门要检查卫生标准的执行情况，开展科学实验，研究环境污染对人体健康的影响，会同有关部门修订和充实卫生标准。（3）农林、水产等部门要负责调查有害物质污染对土壤、动植物园林、水产资源的危害情况，并加强安全使用农药的宣传、管理工作。（4）交通部门要负责港口海域的监测工作。（5）海洋部门要负责河流入海口海域和港口海域以外的海洋监测工作。（6）有条件的水文站要积极配合环境保护监测机构开展监测工作，探讨有害物质在水体中的稀释自净规律。（7）重点城市的气象站要开展大气污染观测工作，逐步开展重点城市的污染预报以及与环境保护监测机构密切协作，探讨有害物质在大气中的稀释扩散规律。（8）外贸、粮食、商业部门要负责进出口和国内内销粮食、食品质量的检测工作。（9）一切有关的科研、事业单位都要积极进行环境保护监测的研究活动，大力支持环境保护监测机构开展工作。各部门的检测机构，应同时向其主管部门和环境保护主管机构报告监测工作情况。

五、《关于防止企业有毒有害物质危害的规划（讨论稿）》

《规划（讨论稿）》指出，劳动保护与环境保护有着密切关系。在生产过程中，产生许多有毒有害物质，污染劳动环境，危害职工的安全健康；散放出去，就污染自然环境，危害人民的安全健康。消除有毒有害物质的危害，既是加强企业职工的劳动保护，又是搞好环境保护的一项治本措施。

《规划（讨论稿）》要求，各有关地区、部门、企业、事业单位，应力争在三五年内解决矽尘、有毒物质和放射性物质对工人的危害，根据不同情况，分别规划如下：

（一）尘危害的企业关于防止矽尘和其他粉尘危害

（1）一切有矽尘危害的企业，都应积极采取措施，尽快把矽尘浓度降下来。（2）一二年内，要消灭干式凿岩和敞开式干法生产。（3）含游离二氧化矽在 50% 以上的矽尘作业点，应力争在一二年内基本达到国家标准。（4）含游离二氧化矽在 10%—50% 的矽尘作业点，应力争在三五年内达到国家标准。（5）石棉尘、水泥尘作业点，应力争在三五年内达到国家标准。（6）其他粉尘作业点，也应积极采取措施，尽快达到国家标准。

（二）关于防止职业中毒

（1）力争在最短期间内杜绝一切急性中毒事故。（2）对于有铅、汞、苯、苯的衍生物、酚、锰、铬、铍、砷化氢、二氧化碳、各种有毒的硝基化合物等有毒物质危害的作业点，应力争在三五年内达到国家标准。（3）对于其他有毒有害物质，也应积极采取有效措施，避免发生中毒事故，尽早达到国家标准。

（三）关于防止放射性物质危害

（1）矿山有放射性危害的粉尘作业点，应在二三年内基本达到国家标准。（2）其他有放射性危害的作业点，应在三五年内达到国家标准。

（四）各地区、各部门、各单位要组织力量，调查研究，摸清情况，作出具体规划、要求和部署

《规划（讨论稿）》要求，各地区、各部门及有关的企业、事业单位，要以路线为纲，坚持政治挂帅，认真贯彻以预防为主的方针，自力更生，因地制宜，加强组织管理，有计划地积极改善劳动条件。

1.加强领导

各级领导要把保护劳动者的安全健康提到执行毛主席无产阶级革命路线的高度来认识，要把关心劳动者和关心生产统一起来。在领导

干部中必须要有人分管这项工作，并列入议事日程，在计划、布置、检查、总结生产时，要同时计划、布置、检查、总结防止有毒有害物质危害的工作，建立健全必要的规章制度，要反对那种对人民生命财产采取漠不关心、不负责任的官僚主义态度。

2. 发动群众，依靠群众

要对职工群众深入进行教育，既要说明有毒有害物质的危害性，又要讲清危害是可以防止的，教育群众遵守安全操作规程。要发动群众，群策群力，集中群众的智慧，多想办法，大家动手，开展技术革新，改善劳动条件，并从工艺上进行改造，从根本上消除危害。

3. 在新建、改建、扩建企业时，企业和设计、施工部门必须按照《工业企业设计卫生标准》的要求进行设计、施工

要反对在设计工作中忽视职工安全健康的现象，不得为了施工方便或片面节约投资而削减劳动保护措施。企业主管部门在审查设计和验收工程时，要有环境保护部门、卫生部门、劳动部门参加，发现有不符合要求的要返工，否则不准施工和投入生产。企业增添新设备、采用新工艺时，也应按照卫生标准要求，进行设计施工。

4. 企业应当加强测尘和毒物化验工作，及时了解矽尘浓度和有毒物质的变化情况，鉴定防尘防毒措施的效果

卫生部门应对测尘和毒物化验工作进行抽查和指导，协助厂、矿企业培训测尘和化验人员。争取在两三年，对全国从事矽尘作业和从事铅、苯、汞等有毒有害作业的工人，进行一次健康检查。企业要建立定期测定制度。对矽肺病患者和职业中毒人员要积极给予治疗，妥善安置，不得轻率处理。

5. 企业及其主管部门、劳动部门、卫生部门，要尽快建立、健全安全、卫生机构，要有专人负责组织，督促检查规划的实现

企业要指定维修部门，负责防尘防毒设备的维修工作，防尘、防毒任务大的企业，还应有专职维修队伍。

6. 集体所有制企业，凡是从事有毒有害物质作业的，也要积极采取组织、技术措施，防止有害物质对工人身体健康的危害

7. 凡有毒有害物质长期达不到国家标准，严重危害职工健康，严重污染环境的企业，各地劳动部门和卫生部门有权提出警告，以至要求其暂时停止生产

8. 各地区、部门、企业要注意培养典型，组织经验交流，及时推广

六、《关于〈工业企业设计卫生标准〉修订中的说明》

《工业企业设计卫生标准》修订组介绍了《工业企业设计卫生标准》的情况。早在 1955 年，我国就制定了《工业企业设计暂行卫生标准》，在全国颁布施行。其后，又在 1962 年、1965 年和 1973 年组织有关人员进行了多次修订。

《工业企业设计卫生标准》修订组指出，制定《卫生标准》是一项政策性和技术性很强的细致工作。《卫生标准》订得太低了，危害人体健康，损失大量财富，贻害子孙后代，不能反映社会主义的优越性；标准订得太高了，脱离实际，执行不了。根据这一原则，1973 年对《工业企业设计卫生标准》中部分污染物的最高容许浓度进行了修订。

例如地面水中的汞，不仅毒性大，而且一旦河湖受到污染后，不易自净消除。如松花江受吉林市含汞废水污染后，在距排放口下游 300 公里处，水中含汞量为 0.0012 毫克 / 升，渔民头发中含汞量超过正常人 9 倍，个别人高达 50ppm，已接近日本水俣病患者发病的水平。渤海湾葫芦岛海底已有一层厚 10—15 厘米的含汞淤泥，含汞量

达 10ppm；天津蓟运河受汞污染的范围已达几十公里，河底含汞量达 100ppm 左右，鱼体内含汞量高达 11.88ppm。考虑到上述情况和汞在外环境和食物链中大量蓄积的特点，我们将汞在地面水中的最高容许浓度，从 0.005 毫克／升修订为 0.001 毫克／升。

但是，对于某些有害物质，我们既要从卫生要求出发，同时要考虑当前经济技术条件。如苯，国内精苯车间 12 年动态观察等资料表明车间空气中平均浓度为 50 毫克／立方米左右，几乎每年有血象不正常的新病例发生；甚至在浓度更低时，亦有血象的变化。如果单纯从卫生方面考虑，应降至 30 毫克／立方米较为安全。但鉴于我国目前苯的使用面广，订得过低一时难以达到，故最后将原来的 50 毫克／立方米修订为 40 毫克／立方米，准备在条件逐渐成熟时再予以降低（苏联由原来的 20 毫克／立方米降至 5 毫克／立方米，而美、日将原来平均浓度 80 毫克／立方米降至 30 毫克／立方米，其上限值为 80 毫克／立方米）。再如在修订地面水中有害物质最高容许浓度时，由于考虑到我国经济技术水平，对感官性状（嗅和味）的影响方面，则采取二级嗅、味阈（二级阈指一般人能察觉到的浓度，一级阈是指有经验的人能察觉的浓度）作为最高容许浓度值。同样，例如在修订大气中最高容许浓度时，对苯乙烯，苏联是按脑电条件反射为依据，订为 0.003 毫克／立方米，而我们认为不适合我国当前情况，而采取嗅阈作为依据，订为 0.01 毫克／立方米。

对危害较轻的一类物质，如马拉硫磷（4049），原地面水中的最高容许浓度是按一级嗅觉浓度订为 0.05 毫克／升，修订中考虑到其毒性较小，改按二级嗅觉阈，订为 0.25 毫克／升。同样，在修订车间空气中最高容许浓度时，因铅的危害较汞为轻，而原来两者均订为 0.01 毫克／立方米，是不合理的。根据国内普查资料，在车间空气中铅浓度

0.05 毫克 / 立方米以下，较长期接触未发现中毒病例，故修订为 0.03 毫克 / 立方米（铅烟）及 0.05 毫克 / 立方米（铅尘）。

《工业企业设计卫生标准》修订组还介绍了《卫生标准》与《排放标准》的关系，认为《卫生标准》与《排放标准》有着密切的关系，是相辅相成的统一整体。《卫生标准》是制定《排放标准》的依据，是为进一步更好地贯彻执行《卫生标准》必要的手段。如果《排放标准》脱离《卫生标准》，仅考虑气象条件、河流稀释能力、工业布局的密度等因素，就离开了根本。但从工程设计角度来说，仅有《卫生标准》而无相应的《排放标准》，在实际执行中会产生很多困难，这也是涉及部门多年反映的问题。以工业废气和废水为例，在《工业企业设计卫生标准》中只规定了居住区大气和地面水中有害物质最高容许浓度，而未规定废气和废水的《排放标准》，在设计必需的净化和排放设施时困难就多，这对环境保护监测部门来说，也是一个问题。因此，在规定《卫生标准》外，同时制定相应的废气和废水的《排放标准》，就会有利于加强环境保护和卫生管理工作。

七、《工业"三废"排放试行标准（讨论稿）》

为了改变环保工作尤其对企业排放"三废"的管理工作无章可循的局面，第一次全国环境保护会议筹备组在会议准备阶段就形成了《工业"三废"排放试行标准（讨论稿）》。

国家计划委员会〔73〕计计字第 28 号关于召开全国环境保护会议的通知中提出了"制定污染物的排放标准"的要求。根据这一要求，全国环境保护会议筹备办公室组织国家基本建设委员会、农林部、卫生部、燃料化学工业部、冶金工业部、轻工业部、水利电力部和中国科学院所属科研、设计、教学等单位及北京市、上海市、黑龙江省、吉林市等环境保护单位的专业人员 20 人共同编制这一标准。[1]

标准的起草工作从 1973 年 2 月 12 日开始，标准编制人员分别起草了工业废水、废气等试行排放标准。3 月及 5、6 月间，全国环境保护会议筹备办公室先后两次征求了 14 个省、市、自治区和国务院 8 个部、委及其所属重点厂矿，设计，科研单位，卫生防疫等单位和大专院校的意见，合并为《工业"三废"排放试行标准（讨论稿）》，提交第一次全国环境保护大会讨论、修改。[2]

在污染物排放标准的制定过程中，工业废水的排放一共规定了 19 个项目。对于某些能在环境或动物植物体内蓄积，对人体健康产生长远影响的有害物质，如：汞、镉、六价铬、砷、铅，进行了严格的要求。污染物排放标准的制定过程中，工业废气的排放一共规定了 13 项指标，分为三类。第一类：毒性较大（如汞、铍）和当时国内能达到的处理水平较高（生产性粉尘、硫酸雾）的项目按国内实际先进排放浓度制订标准。第二类：氯、氯化氢、氮氧化物当时的净化处理设备有一定水平，按在一般气象条件下，对卫生标准有 90% 的保证率制订标准，多数企业经过努力也可以达到。第三类：二氧化硫、二硫化碳、硫化氢、氟化物、铅、煤粉尘、一氧化碳等虽有一定回收设备，但效率低，按保证率为 60% 制订排放标准。一般需经过相当努力才有可能达到。[3]

与国外排放标准相比，这一排放标准一般为中上等，个别指标有高有低。如对废水中几种毒性大的有害物质控制较严，而对悬浮物、

---

〔1〕参见赵永康、肖伦祥编写：《乡镇企业环境保护法律手册》，贵州人民出版社 1990 年版，第 416—417 页。

〔2〕参见湖南省黔阳地区卫生防疫站：《环境保护资料汇编》，1976 年，第 129 页。

〔3〕参见湖南省黔阳地区卫生防疫站：《环境保护资料汇编》，1976 年，第 129—130 页。

五日生化需氧量、化学耗氧量等指标，规定的允许排放浓度则较英、西德、加拿大、南非等国家为宽。废气排放标准中一般较为常见的有害气体，如：二氧化硫、生产性粉尘、一氧化碳、氯气等，较其他国家（如英、美等）略严，对于电站的煤烟尘，考虑到我国煤的灰分较高，因而标准也较国外偏宽。[1]

第三节　全国环境保护会议的召开

第一次全国环境保护会议于 8 月 5 日—20 日在北京召开。顾明代表国家计委宣讲了主题报告，会议在人民大会堂召开了万人大会，讨论了一系列环境保护基础文件，明确了环境保护工作"三十二字方针"。

一、会议的基本议程

经国务院批准，第一次全国环境保护会议于 8 月 5 日—20 日在北京召开。参加这次会议的有：各省、市、自治区委员会主管环境保护工作的负责同志，国务院有关部门的同志。会议还邀请了一些开展综合利用、除害兴利做得比较好的厂矿企业的代表，以及科学研究部门、大专院校等单位的代表，共 312 人。

8 月 5 日上午，全国环境保护会议筹备小组负责人顾明、谢华等在预备会议上，同各省、市、自治区和有关部委负责同志，共同商定了会议的任务和组织方法。大会分为大会发言和小组讨论，代表们将参观北京石油化工总厂的"三废"处理设施。8 月 19 日下午，大会将在

---

[1] 参见湖南省黔阳地区卫生防疫站：《环境保护资料汇编》，1976 年，第 130 页。

人民大会堂举行万人大会。

8月5日、6日，与会代表学习了马克思、恩格斯关于人与自然关系的论述和毛泽东同志关于综合利用的论述，交流了上海燎原化工厂、沈阳化工厂等"三废"治理先进单位化害为利的经验。[1]通过学习，与会代表一致认为，能不能搞好环境保护工作，归根结底，决定于坚持什么社会制度，走什么道路，执行什么路线。当前资本主义国家，空气污浊，江河毒化，环境恶劣，公害严重。这是垄断资产阶级追求高额利润，不顾人民死活造成的恶果，已成为资本主义的不治之症。修正主义统治下的苏联，也成为世界上公害严重的国家。大量事实证明，只要积极开展综合利用，就能变"废"为宝，除害兴利。

8月7日，顾明代表国家计委在大会上发表了题为《以路线为纲，搞好环境保护，为广大人民和子孙后代造福》的会议主题报告。主题报告回顾了新中国成立以来在环境领域取得的成就；介绍了资本主义国家环境污染的严重性；批驳了关于环境问题的错误思想；号召要提高认识，搞好环境保护工作；提出环境保护的"三十二字方针"，并进一步明确了会议的主题和任务。

从8月7日开始，冶金工业部副部长杨殿奎、轻工业部副部长谢鑫鹤、燃化部副部长李艺林、卫生部副部长谢华等同志相继从各部门主管业务领域总结"三废"治理经验，提出问题与不足，计划下一阶段努力开展环境保护工作的目标。[2]上海燎原化工厂、官厅水库水源保护领导小组等单位分享了"三废"治理经验。通过大会发言和小组讨论，与会代表逐步提高了对环境保护工作的认识，认为"三废"治理

---

〔1〕参见曲格平、彭近新主编：《环境觉醒——人类环境会议和中国第一次环境保护会议》，中国环境科学出版社2010年版，第273—276页。
〔2〕参见湖北省环境保护会议文件，1973年10月。

不治理是一个思想认识问题，也是一个路线问题，领导要高度重视；在"三废"治理中要相信群众、依靠群众、发动群众；开展综合利用是治理"三废"的重要路径；社会主义大协作是治理"三废"的有效保障。

8 月 12 日，经过连日的讨论，与会代表就我国环境保护工作方针达成一致。与会代表认为，"全面规划，合理布局，综合利用，化害为利，依靠群众，大家动手，保护环境，造福人民"这一环境保护工作方针是我国环境保护工作经验的总结，要认真贯彻执行这条方针，我国的环境就一定能够得到维护，污染问题也不难解决。

8 月 19 日上午，与会代表讨论通过了《关于全国环境保护会议情况的报告》及其附件《关于保护环境和改善环境的若干规定》。与会代表一致认为经过反复修改，文件基本上体现了会议的精神，反映了大家的意见和要求。与会代表认为这两个文件肯定了成绩，指出了问题，明确了方向，提出了措施。

8 月 19 日下午，全国环境保护会议在人民大会堂召开了万人大会，李先念、余秋里和国务院负责同志出席了大会并讲话。参加这次大会的有党中央各部门，人大常委会，国务院各部委，军委各总部、各军兵种，北京市、北京军区的负责同志和干部、工程技术人员；在京的大专院校、厂矿、设计、科研单位的同志；参加全国环境保护会议的全体代表。大会由余秋里主持。北京市、上海市、沈阳化工厂、广东马坝冶炼厂、吉林造纸厂和株洲市的代表，在大会上介绍了他们开展综合利用、消除"三废"污染、保护环境的经验。

二、大会主题报告

顾明代表国家计委在大会上作了题为《以路线为纲，搞好环境保

护，为广大人民和子孙后代造福》的主题报告，全文约 1 万字。主题
报告分为"我国在维护和改善环境方面取得显著成绩""国外严重的
'公害'""提高认识，搞好环境保护工作""我国环境保护的方针政
策""本次会议的任务"五个部分。

第一部分回顾了新中国成立以来我国在环境领域取得的五大成
就：（1）农业抗御自然灾害的能力大大增强，农村面貌有了很大改变；
（2）工业布局纵深展开，一些落后地区的面貌迅速改变；（3）对旧城
市进行了社会主义改造，使面貌焕然一新；（4）"三废"综合利用，除
"害"兴利，初见成效；（5）环境卫生和人民的健康状况显著改善。

第二部分介绍和批判了以美日为代表的资本主义国家和苏联的环
境污染已成为严重公害，并驳斥了国际上关于"发展造成污染""人口
增长造成污染"等偏颇观点。主题报告的这一部分延续了旧有的话语，
指出："在资本主义国家，特别是工业高度发展的国家，由于生产严重
地无政府状态，工业和人口高度集中于少数大城市，垄断资本集团只
顾追求高额利润，不顾人民死活，任意排放有害物质，使自然环境遭
到严重的污染和破坏，人民的健康受到危害和威胁，形成严重的'公
害'，日益激起广大人民的不满和反抗。"主题报告还指出，"反公害"
斗争，已成为资本主义国家人民反对垄断资本集团斗争的一个方面。
这实际上是为我国治理"三废"提供话语转化的铺垫。

第三部分着重强调提高认识是搞好环境保护工作的重要条件。主
题报告指出，搞好环境保护，首先要解决思想认识问题。要从路线的
高度，来认识环境保护的重要意义。保护环境，是关系到保护广大人
民群众的健康和切身利益，巩固工农联盟，发展工农业生产，以及为
子孙后代造福的重大问题，是一个路线问题。执行毛主席的革命路线，
就要在发展生产的同时，注意防止和消除可能出现的污染，维护和改

善环境，保护并增进广大人民的健康。如果对环境污染采取放任自流的态度，什么影响工农联盟，什么危害人民健康，都熟视无睹，听之任之，这实质上是一种资产阶级老爷对待人民群众的态度，是完全错误的，是违背毛主席的路线和教导的。

主题报告系统地批驳了"公害资本主义专有论""污染难免说""发展与环境对立说"。

"公害资本主义专有论"是指：有人认为，公害是资本主义的产物，我们是社会主义国家，不会产生环境污染，可以不必注意这个问题。主题报告指出："这种说法是不全面的。毫无疑义，我国的社会主义制度是优越的，它消灭了私有制，实行计划经济，为防止和消除环境污染提供了可能性。但要把这种可能性变为现实，还要在正确路线指导下，制定相应的方针、政策，采取切实有效的措施。没有这些，相反采取错误的路线和方针，放任自流，也会发生环境污染的。我们国家，有的地方环境维护得好，有的地方污染却比较严重，就清楚地说明了这一点。"主题报告以上海市为例说明。

"污染难免说"认为："哪个烟囱不冒烟，哪个工厂不排水，不排渣？"把工业污染看成是无法避免的事情。主题报告指出，这种认识是错误的。工业的发展，会产生一定数量的"三废"。但在我们这样的社会主义国家，只要路线对头，积极治理，措施得力，"三废"对环境的污染不仅可以预防和避免，而且可以化害为利。相反，如采取消极应付、听任自流的态度，就必然造成环境污染。主题报告以沈阳化工厂综合利用的成效驳斥了"污染难免说"。

"发展与环境对立说"是指：有一些同志把发展生产和消除"三废"污染对立起来，认为当前的任务是发展工业和抓好生产，"三废"治理以后再搞。主题报告指出，这也是错误的。保护环境和发展生产是对立的统一。主题报告引用广东马坝冶炼厂消除烟害回收硫酸的事例，说明保护环境不仅不妨碍生产，而且能促进生产的发展。

主题报告指出，抓好环境保护工作，必须政治挂帅，思想领先。只有使广大干部和群众充分认识保护环境的重要性和必要性，树立和"三废"污染作斗争的必胜信心，才能使大家真正行动起来，做好这项工作。

第四部分重点分析了我国环境保护工作的方针。"全面规划，合理布局，综合利用，化害为利，依靠群众，大家动手，保护环境，造福人民"，这三十二个字是我国环境保护工作的方针，又称环境保护工作的"三十二字方针"。主题报告将"三十二字方针"分为四个层次：

1. 全面规划，合理布局

主题报告指出，"全面规划，合理布局"是保护环境、防止污染的一个极其重要的方面。在安排国民经济计划时，遵循"统筹兼顾，适当安排"的原则，搞好全面规划，合理安排工业和农业、城市和乡村、生产和生活、经济发展和环境保护等方面的关系，使各方面协调发展。

2. 综合利用，化害为利

主题报告指出，"综合利用，化害为利"是消除污染危害的积极措施。在现代工业的生产过程中，要产生一定数量的"三废"，积极的办法就是开展综合利用，变"废"为宝，化害为利。主题报告批评了人为搞综合利用是"不务正业"的错误观点。主题报告要求，要大搞综合利用，消除工业"三废"对环境的污染。"三废"治理，要首先抓好"废水"的治理。在1975年前，重点解决好含酚、氰、汞、砷的废水和纸浆黑液的回收处理。废气治理，重点搞好二氧化硫、氟化氢、氯化氢、硫化氢等尾气和烟尘的回收处理。废渣治理，重点搞好铬渣、硫铁矿渣、钢渣、高炉渣、电厂粉煤灰及放射性废渣的回收处理。主题报告提出，要以地方为主，有关部门协同，拟订出综合利用和"三废"治理的统一规划，并安排落实，要求在"四五"期间做出显著成绩。

3. 依靠群众，大家动手

主题报告指出，保护环境必须走群众路线。这项工作关系到广大人民的切身利益，一定要把情况向群众讲清楚，把问题交给群众，放手发动群众，全心全意依靠群众来搞。各级领导要坚持"从群众中来，到群众中去"，深入实际，调查研究，种试验田，从群众那里学习知识，吸取养料，指导工作。

4. 保护环境，造福人民

主题报告指出，"保护环境，造福人民"是环境保护的目的。保护环境就是要保障人民的健康和子孙后代的健康。

第五部分进一步明确了全国环境保护会议的任务：（1）讨论、修改补充《关于开展环境保护工作的几点意见》。（2）讨论明后年环境保护工作的安排和科研规划。（3）讨论国务院有关部门草拟的一系列环境保护文件、规定，并征求到会同志的意见。（4）希望各地区、各部门把环境保护作为一项严重的政治任务，列入议事日程，指定负责同志分管这项工作；要在对污染状况进行全面调查的基础上，制定出本地区、本部门开展综合利用和保护环境的规划，列出一批污染严重的单位，分散分批加以治理。让我们共同努力，争取在短时间内做出成绩来。[1]

三、关于环境保护工作方针的讨论

经过连日的讨论，8 月 12 日，出席会议的代表集中讨论了"全面

---

[1] 参见曲格平、彭近新主编：《环境觉醒——人类环境会议和中国第一次环境保护会议》，中国环境科学出版社 2010 年版，第 309 页。

规划，合理布局，综合利用，化害为利，依靠群众，大家动手，保护环境，造福人民"的"三十二字方针"。代表们一致认为，"三十二字方针"较为全面地总结了我国环境保护工作的经验，要认真贯彻执行。

代表们认为，"全面规划，合理布局"是保护环境、防止污染极其重要的措施。在安排国民经济计划时，计划单位要搞好全面规划，合理安排工业和农业、城市和乡村、生产和生活、经济发展和环境保护方面的关系，使各方面协调发展。工业布局要"大分散、小集中、多搞小城镇"。官厅水库的水源保护，涉及北京、河北、山西、天津4个省市，500多家工厂。由于进行了全面规划，统一治理，虽然时间不长，但工作取得了显著成效。

代表们认为，"综合利用，化害为利"是多快好省地发展生产和消除污染的积极途径，着眼于促转化，比单纯的防治收效大，花钱少，得益多。上海每年排放工业废渣380万吨，已利用了270万吨生产各种建筑材料；每年还从工业"三废"中回收17.8万吨化工原料和大量金属材料，既减轻了对环境的污染，又促进了生产的发展。

代表们指出，"依靠群众，大家动手"，这是党的群众路线在环境保护工作上的运用。维护和改善环境，关系到广大人民的切身利益，一定要把情况向群众讲清楚，把问题交给群众，放手发动群众，大搞群众运动，全心全意地依靠群众来搞，才能搞好。只要把群众真正发动起来，许多本来要花很多资金、材料、设备还不容易解决的难题，都可以比较顺利地得到解决。

代表们指出，"保护环境，造福人民"，是环境保护工作的目的。代表们说，我们是社会主义国家，办一切事情都要从人民利益出发，都要向人民负责。我们在搞工业建设的同时，就要抓紧解决保护环境这个问题，绝对不能做贻害子孙后代的事。不这样来认识问题，我们就要对人民犯罪。

通过对三十二字环境保护方针的讨论，代表们提高了认识，增强了信心。大家认为，只要认真贯彻执行这条方针，我国的环境就一定能够得到维护，某些地方和企业出现的污染，也是不难解决的。

四、关于农药残留的介绍

会议期间，中国医学科学院卫生研究所食品卫生研究室准备了题为《关于几种农药残毒问题》的学术研究文章作为会议文件，供与会代表了解和讨论。

当时，由于增产手段有限，农药在保产中的作用十分明显。但是，剧毒农药的大规模使用导致了严重的农药残留问题，已经开始危害农民的身体健康和我国的农产品出口工作。

1970 年，浙江省早稻后期稻瘟病大发，金华县喻斯生产大队（村）在早稻抽穗后，多次使用西力生（氯化乙基汞），使稻谷严重污染，全队 447 人，因中毒而发病的有 312 人，是一起重大汞中毒事故。[1]为此，浙江省内组织了调查组专门调查此事。[2]1971 年 1 月 16 日—19 日，国务院组织农林部、卫生部、燃化部等单位 29 人组成调查组，来浙江调查西力生中毒情况，并落实了有机汞农药对人体的影响研究。[3]究其原因，是由于当地使用的西力生农药浓度过大，次数过多，且离收割时间又太近，造成稻谷大量污染西力生农药，有的稻谷

---

〔1〕参见《浙江省志》编纂委员会：《浙江省供销合作社志》，浙江人民出版社 1989 年版，第 395 页。

〔2〕参见《浙江粮油科技》编辑室：《浙江粮食科学研究所建所三十周年科研文集》，1987 年，第 431 页。

〔3〕参见陈生斗、胡伯海主编：《中国植物保护五十年》，中国农业出版社 2003 年版，第 494 页。

含汞量高达 9 毫克 / 公斤。社员食用了这种"药量"后，在一星期到两个月内先后出现中毒症状。[1]1971 年 3 月 23 日，国务院转发农林部、卫生部、商业部《关于安全使用农药问题的报告》，指出西力生、赛力散、富民隆等汞制剂剧毒农药，不仅污染粮食，还污染土壤和水源，对人畜危害很大，为使这种危害不再继续，今后不准进口，国内也不再生产。从此，有机汞农药被禁止使用。[2]

但是，剧毒农药的影响依然存在而且影响到了我国的出口。20 世纪五六十年代，在我国工业建设的初始阶段，主要依靠出口农产品来换回工业机器和设备、技术，后来也主要依靠出口农产品换取外汇。早期对外出口的六种物资中，粮食、油籽、牲畜、土产、经济作物都属于农产品。农药污染导致大批农产品、鸡、蛋等农畜出口产品农药残留检测超标，产品要么被海关就地销毁，要么被"遣返"，外贸出口遭受不良影响，出口创汇损失巨大，国家信誉和形象遭受严重损失。

1972 年 2 月，我国向瑞士出口的 300 吨鸡蛋中，六六六及高丙体六六六残存物之平均值超过该国允许限度的 18 倍（极高值的六六六超过了 33 倍），滴滴涕超过 12 倍。这批由青岛出口的鸡蛋最终被退了回来。我国向联邦德国出口的河南上等烟叶中含滴滴涕及 DDE 达 9.05 ppm，四级烟叶达 32 ppm，五级烟叶达 19.2 ppm，而联邦德国规定残存物都不能超过 1 ppm。同时，我国与联邦德国签订了 7 批茶叶出口合同，有两批出口后，经联邦德国分析检验，六六六超过残留标准，

---

〔1〕参见浙江省卫生防疫站防止农药中毒小分队：《西力生农药中毒临床表现及治疗措施》，载全国防治职业中毒学习班办公室：《1971 年全国防治职业中毒学习班资料汇编》（下），北京朝阳医院，1973 年，第 171 页。

〔2〕参见陈生斗、胡伯海主编：《中国植物保护五十年》，中国农业出版社 2003 年版，第 494 页。

最终被撤销了合同。我国向加拿大出口的蘑菇罐头中汞的含量超过了加拿大的规定限量数倍，向日本出口的绿茶经检查也含有滴滴涕和六六六残留。在世界上享有很高声誉的江西蒸茶，由于六六六残留量超过标准，不能出口而主动取消了出口合同。[1]

农药残留超标在农业生产领域和外贸出口领域都产生了严重的影响。为此，全国环境保护会议请中国医学科学院卫生研究所食品卫生研究室准备了题为《关于几种农药残毒问题》的学术研究文章作为会议文件，供与会代表了解和讨论。

文章指出，到目前为止使用农药的化学方法是最经济、迅速而有效的防治病虫害及杂草的方法，已成为近年来各国夺取农业丰收的重要措施之一。广大社员反映："有收无收在于水，收多收少在于肥，保不保产在于药。"由此可见，农药的作用不容忽视。1962 年美国生物学家卡逊的《寂静的春天》一书以及在日本发生了"水俣病"死亡多人后，有机汞、有机氯农药等才引起世界性的关注。

国内若干年来使用的有机汞农药主要是西力生（氯化乙基汞）、赛力散（醋酸苯汞）及富民隆（磺胺汞），这些都是防止稻瘟病及麦类赤霉病的有效杀菌剂，使用范围广泛。仅以浙江一省为例，1970 年就销售"西力生"农药 1317 吨（当年全国分配额为 4420 吨）。近几年来，国内不少地区不仅种子处理时用，大田喷洒也用，甚至在收割前 4—7 天还在用，因而使稻米中残留量过高，造成严重的人畜中毒和牲畜死亡事故。1971 年，国务院已明令禁止使用、生产有机汞农药。但有些地区 1972 年仍在大量使用，这是十分值得注意的问题。

上海地区 1972 年共检查了三麦（大麦、小麦、元麦）及大米样品

―――――――――
〔1〕参见李曙白、韩天高、徐步进：《让核技术接地气——陈子元传》，中国科学技术出版社 2014 年版，第 129—130 页。

共 242 份，发现含汞者 42 份，占 17.3%。大米含汞量平均为 0.23 毫克 /
公斤，三麦平均为 0.266 毫克 / 公斤。浙江省 1972 年抽样普查时发现
有 100 亿斤粮食含汞，其中 4 亿斤超过 0.05 毫克 / 公斤。天津 1971
年测定喷过有机汞的稻谷含汞量为 0.084 毫克 / 公斤，而未用汞者仅
为 0.0005 毫克 / 公斤。

我国每年生产各种农药原药约 30 万吨，其中 60%—70% 是有机
氯农药（主要是六六六和滴滴涕）。1972 年计划生产 29 万吨，六六六
和滴滴涕即占 21 万吨。滴滴涕、六六六都是广谱杀虫剂，使用范围
很广，在自然界不易分解，残留期长，有的甚至十年以上尚未消失，
通过食物链最后积蓄人体。滴滴涕进入人体通过食物为主要来源约占
90%。

上海地区共测样品 500 件，其中含有有机氯农药者占 68%，鸡毛
菜含滴滴涕最高者达 5.49 毫克 / 公斤，青菜达 1.21 毫克 / 公斤，桃子
中检出滴滴涕、六六六最高者为 3 毫克 / 公斤，从奶粉中检出最高者，
滴滴涕为 1 毫克 / 公斤，林丹[1]为 3 毫克 / 公斤，各类食物滴滴涕平均
含量为 0.007—0.7 毫克 / 公斤。

江苏 1967—1973 年共测样品 229 份，含农药者占 46.8%，其中小
麦、面粉 56 份，六六六含量最高达 13 毫克 / 公斤，一般样品有机氯
含量平均也达 2.6—4.7 毫克 / 公斤，检查稻米共 62 份，六六六最高达
80 毫克 / 公斤（系发生中毒的样品）。其他有的大米样品也可达 2.7 毫
克 / 公斤（平均值）。

又根据上海测定人体内（脂肪及肝脏）滴滴涕的结果表明，人体
脂肪内均含有滴滴涕，最高为 22.1 毫克 / 公斤，平均 3.62 毫克 / 公

---

[1] 林丹即 g-1,2,3,4,5,6- 六氯环己烷，用作杀虫剂。环境中的林丹可以通过食物链而
发生生物富集作用。林丹可通过胃肠道、呼吸道和皮肤吸收而进入机体。

斤；肝脏最高为 13.6 毫克 / 公斤，平均 1.06 毫克 / 公斤，值得注意的
是肿瘤病体肝脏含量为 2.04 毫克 / 公斤，而正常人体者不过 0.33 毫克 /
公斤，相差 6 倍多。

通过了解农药残留的问题，代表们一致赞同要"防止农药对土壤
和农副产品的污染"，"某些农副产品出口基地，应停止使用高残毒
农药"。

五、万人大会

8 月 19 日上午，与会代表讨论通过了《关于全国环境保护会议情
况的报告》及其附件《关于保护环境和改善环境的若干规定》。下午，
全国环境保护大会在人民大会堂召开了万人大会。大会由余秋里主持。
北京市、上海市、沈阳化工厂、广东马坝冶炼厂、吉林造纸厂和株洲
市的代表，在大会上介绍了他们开展综合利用、消除"三废"污染、
保护环境的经验。

李先念、余秋里和国务院负责同志出席了大会。参加这次大会的
有党中央各部门，人大常委会，国务院各部委，军委各总部、各军兵
种，北京市、北京军区的负责同志和干部、工程技术人员；在京的大
专院校、厂矿、设计、科研单位的同志；参加全国环境保护会议的全
体代表。

李先念、余秋里和国务院负责同志在会上作了重要讲话。他们指
出，毛主席、党中央极为重视环境保护工作，给我们作过很多指示。
新中国成立以来，全国人民做了大量工作，取得很大成绩。但是随着
工业的发展，"三废"对环境的污染也越来越明显地暴露出来。我们要
在大力进行社会主义建设的同时，及早地采取措施，防患于未然。

环境保护是关系到人民健康和为子孙后代造福的大事，是关系到多

快好省地发展社会主义生产的大事，是关系到巩固工农联盟的大事。我们必须把环境保护工作提到路线的高度，认真对待，决不能等闲视之。我们是社会主义国家，不能只顾生产，不顾群众健康。不消除环境污染，不仅危害人民，损害农业，工业发展也会受到限制，甚至办不下去。

搞好环境保护，关键在于领导。只要领导重视，把这项工作摆到重要议事日程，放手发动群众，大搞群众运动，调动广大工人、干部和技术人员的积极性，许多问题并不难解决。要大造声势，广泛进行宣传，做到家喻户晓，引起全党全国的重视，大家动手，除害兴利，保护环境。要纠正那些妨碍开展环境保护的各种错误思想。

要采取坚决有力的措施。现有企业要大搞工艺改革和技术革新，开展综合利用，尽可能在生产过程中减少以至消除"三废"危害。新建工业项目，必须把"三废"治理措施安排上，和主体工程同时设计、同时施工、同时投产；在建设中解决"三废"的污染问题，不要等到建成后再去解决。各地区、各部门一定要把好这个关。对现有污染严重的企业，要作出治理规划，限期解决。要实行奖励综合利用的政策，改革那些不利于开展综合利用的规章制度。

万人大会结束后，出席全国环境保护会议的代表当晚进行了热烈的讨论。大家心情十分激动，一致认为，这次万人大会充分体现了毛主席、党中央对环境保护工作的重视，对人民健康的亲切关怀。同志们说，这次大会是一次保护环境的动员大会，对全国环境保护工作将是一个有力的推动。北京的同志说，这次盛大的会议，对我们是一个很大的鞭策，一定要大借这股东风，踏踏实实地干上几年，尽快做出成绩，使首都早日成为一个清洁的城市。冶金部和北京的同志说，首钢排放的"三废"对北京环境造成了比较严重的污染，要立即搞出具体规划，开展一个治理污染、除害兴利的群众运动，争取在 1975 年，使首钢基本上成为一个没有污染危害的企业。上海的同志表示，回去以后，要广泛发动群众，狠抓措施落实，搞出新的成果，尽快使上海的环境面貌来个大改观。其他省市的同志说，中央领导同志这样重视环境保护工作，现在就看我们的实际行动了。他们表示要加倍努力，做出新成绩，决不辜负毛主席、党中央的殷切期望。

官厅水库水源保护领导小组的同志，大会后立即召开有北京、天津、山西、内蒙古等地负责同志和厂矿企业代表参加的会议，研究和部署今后工作，决心加快官厅水库的治理步伐。

不少省市的同志准备回去后也要召开各部门、各企业领导人的大会，广泛宣传，大造声势，进行动员，把环境保护工作推向新的高潮，推向社会。

第六章

1973 年全国环境保护会议的深远影响

在第一次全国环境保护会议的影响下，全国各省、市、自治区相继召开本辖区内的环境保护会议，传达全国环境保护会议精神；全国各级党政机构、解放军和大中型国有企业都先后建立了环境保护管理机构和环境监测机构，环境保护发展建设工作初步展开，全社会的环境保护意识进一步觉醒，大规模环境保护调查和重点污染治理工作在全国展开。

第一节　新中国第一份环境保护法规性文件的颁布

一、《关于保护和改善环境的若干规定（试行草案）》的颁布

1973 年 8 月 29 日，国家计委向国务院上报《关于全国环境保护会议情况的报告》。《报告》回顾了会议过程，提出了环境保护"现在就抓，为时不晚"的结论；要求各地区、各部门都要进行调查研究，制定全面规划，打破行业界限，分工协作，采取坚决有力措施，争取三五年内作出显著成绩；建议各地、各部门要设立专门机构，对环境保护工作进行统一规划，全面安排，组织实施，督促检查。鉴于环境保护工作涉及工业、农业、水产、交通、城建、卫生、海洋、地质、气象、科研等方面，建议国务院设立环境保护领导小组，下设办公室

或局。各省、市、自治区及国务院有关部门，也要设立相应的机构。同时，《报告》将全国环境保护会议期间讨论的《关于保护和改善环境的若干规定（试行草案）》作为附件上报国务院。[1]

《关于保护和改善环境的若干规定（试行草案）》开宗明义地提出了中国环境保护工作的"三十二字方针"——"全面规划，合理布局，综合利用，化害为利，依靠群众，大家动手，保护环境，造福人民"，并分为"做好全面规划""工业要合理布局""逐步改善老城市的环境""综合利用，除害兴利""加强对土壤和植物的保护""加强水系和海域的管理""植树造林绿化祖国""认真开展环境监测工作""大力开展环境保护的科学研究工作""环境保护所必需的投资、设备、材料要安排落实"十个方面。

与《关于开展环境保护工作的几点意见（讨论稿）》相比，《关于保护和改善环境的若干规定（试行草案）》明确了中国环境保护工作的"三十二字方针"，在几乎每个方面都有进一步的突破：

就"做好全面规划"而言，《若干规定》增加了"各省、市、自治区要制订本地区保护和改善环境的规划，作为长期计划和年度计划的组成部分，认真组织实施"。这就使环境保护工作进入政府计划工作和议事日程。

就"工业要合理布局"而言，《若干规定》提出了"城市的规模和人口，必须严格控制。现有大城市一般不再新建大型工业，必须新建的，要放在远郊区"。这为北京等大城市的污染企业搬迁提供了政策保障。

就"逐步改善老城市的环境"而言，《若干规定》将环境保护工作

[1] 参见曲格平、彭近新主编：《环境觉醒——人类环境会议和中国第一次环境保护会议》，中国环境科学出版社 2010 年版，第 306—309 页。

重点城市从 14 个增加到 18 个，增加了哈尔滨、重庆、长沙、太原 4 座城市，扩大了重点城市的范围。

就"综合利用，除害兴利"而言，《若干规定》突出强调了"三同时"制度，并提出"改革阻碍综合利用开展的规章制度。要打破行业界线，实行一业为主，多种经营"。"三同时"制度就此得到了确认和强化。

就"加强对土壤和植物的保护"而言，《若干规定》放弃了过于激进的六六六、滴滴涕农药取代计划，代之以"逐步减少滴滴涕、六六六等农药的使用"，要求植物保护要贯彻"预防为主"的方针；要采取生物的、物理的综合性防治措施，保护和繁殖益虫，以虫治虫，消灭害虫。

就"加强水系和海域的管理"而言，《若干规定》强调"全国主要江河湖泊，都要设立以流域为单位的环境保护管理机构。跨越行政区域的水系，管理机构由各有关地区联合组成。这个机构负责按照上述标准统一制订并推行全流域防治污染的具体方案，监督沿岸工业企业和生活污染排放。努力研究和试制环境监测的分析仪器。有计划地开展环境问题的基础理论研究"。这是官厅水库水污染治理模式的强化与推广。

就"植树造林绿化祖国"而言，《若干规定》强调"各地方要制订绿化规划，落实有关政策，国家植树造林与群众植树造林结合起来，绿化一切可能绿化的荒地荒山。城市和工厂区还要利用一切零散空地，多植草坪"。这一要求使得植树造林进入政府计划工作。

就"认真开展环境监测工作"而言，《若干规定》要求"由卫生部门会同环境保护部门，拟订污染物排放标准、修订国家卫生标准，并颁布试行"，并将环境监督权赋予环境监测机构，要求"环境监测机构有权监督和检查各企业、事业单位执行国家卫生标准和污染物排放标准的情况，调查水系、海域、大气、土壤、农副产品等污染情况，并及时向当地主管部门作出报告。大、中型企业要指定有关机构或设置专职人员，监测本单位污染的排放情况"。

就"大力开展环境保护的科学研究工作"而言，《若干规定》提出"建立全国性的环境保护研究所以及省、市、自治区和重点地区的环境保护研究机构"，并强调"加强科学技术情报和学术交流；注意引进保护环境的先进科学技术"。根据这一要求，全国性及地方的环境保护研究机构相继建立。同时，在"文革"的背景下，提出"引进保护环境的先进科学技术"也是冒着被指责为"洋奴主义"的政治风险的。

就"环境保护所必需的投资、设备、材料要安排落实"而言，《若干规定》明确提出："保护环境、治理'三废'的基本建设、科研和监测计划，要根据不同情况，分别纳入省、市、自治区或国家的技术措施、科学研究和基本建设计划。新建、改建和扩建项目的投资，要包括'三废'治理的费用。老企业的综合利用措施，要优先安排。另外，国家每年拿出一笔投资，用于其他方面的环境保护。"这就为环境保护工作的开展提供了财政保证。

上述十个方面，提出了治污的具体措施和保障策略，并提出了初步环境治理的思想。

1973 年 11 月 13 日，国务院批转了《国家计划委员会关于全国环境保护会议情况的报告》（国发〔1973〕158 号），同时也转发了《关于保护和改善环境的若干规定（试行草案）》。

1974 年 2 月 28 日，国务院办公室将《关于保护和改善环境的若干规定》印发各省、市、自治区和国务院各部门，并抄送中央办公厅、党中央各部门、军委办公会议、军委各总部、各军兵种。[1]《关于保护和改善环境的若干规定》是中国环境保护史上第一个由国务院批转的具有法规性质的文件。[2]至此，"全面规划，合理布局，综合利用，化害为利，依靠群众，大家动手，保护环境，造福人民"被确立为中国环境保护工作的方针。

二、会议精神的传达

在中央政府层面，第二机械工业部、轻工业部、交通部、卫生部等部门于 1973 年 9 月召开部机关和在京所属单位的干部大会，传达了全国环境保护会议精神。冶金部、轻工业部、交通部和总后勤部等单位召开了党的核心小组扩大会议或部务会议，听取了出席全国环境保护会议代表的汇报，学习了全国环境保护会议的精神与领导指示，决心要把环境保护工作抓紧抓好。许多部、委还结合本单位的情况，研究制定了加强领导，进一步搞好环境保护工作的具体措施。例如，总后勤部决定成立"三废"治理领导小组，由党委常委、副部长张汝光同志任组长，下设办公室处理日常工作。冶金工业部确定由主管计划的副部长抓环境保护工作，下面除由计划司总抓外，各司、局都要协同抓好环境保护工作，并规定召开各有关专业会议，广泛宣传，大造舆论，安排落实，随后召开了含酚、氰污水处理座谈会，并准备在马钢召开钢渣综合利用现场会。国家科委召开了所属单位会议，讨论和部署了环境保护工作。交通部也要求部属各单位党委把环境保护工作

---

[1] 参见曲格平、彭近新主编：《环境觉醒——人类环境会议和中国第一次环境保护会议》，中国环境科学出版社 2010 年版，第 264 页。

[2] 参见《中国环境保护行政二十年》编委会编：《中国环境保护行政二十年》，中国环境科学出版社 1994 年版，第 7 页。

列入议事日程，并指定领导同志一人，负责环境保护工作。

在省市层面，全国环境保护会议结束后，绝大部分省市的代表回去立即向省市委作了汇报，并积极筹备召开全省环境保护会议，传达全国环境保护会议精神，部署今后工作。到 10 月底前，已开过或正在召开环境保护会议的有宁夏、江西、湖北、云南等省、自治区，准备随后马上召开环境保护会议的，有吉林、黑龙江、山东、河南、湖南、广东、河北、辽宁、天津等省、市。云南省 10 月 5 日在昆明召开环境保护会议，云南省革委会主任周兴等同志都出席了会议并在会上讲了话。

北京市化工、二轻、公用等局也向所属单位传达了全国环境保护会议精神，并对 1973 年下半年工作作了具体安排。长河、莲花河、永定河官厅山峡、妫水河四条河系水源保护领导小组分别开会，检查了治理情况，决心加快治理步伐。北京市"三废"办公室召开了各区、县主管"三废"治理负责人会议，交流了情况，研究安排了今年的工作。

其他城市，如南京、广州、长春、南昌、大同、张家口分别召开了本地的环境保护大会，进行广泛动员。例如，长春市于 9 月 7 日—12 日，由市委书记主持召开了有各县、区、局、工厂、科研单位、大专院校负责人参加的环境保护会议，总结工作，交流经验，讨论制定今后工作规划和具体措施，并采取会内会外相结合的办法，先后两次分别组织 100 多个分会场，每次有 10 万人左右参加，听取了会议情况，初步做到了家喻户晓。

国务院各部、委和各省、市、自治区纷纷提出，希望党中央、国务院尽快批转全国环境保护会议的报告及其附件《关于保护和改善环境的若干规定》，以便进一步推动和安排今后的环境保护工作。[1]

第二节　环境保护管理体系的初步构建

全国环境保护会议结束后，各部门和各地区都积极传达会议精神并逐步建立了各级环境保护管理机构和环境监测机构，我国的环境保护管理体制初步形成。

一、各级环境保护工作领导机构的建立

全国环境保护会议提出了设立环境保护机构的要求。实际上，自1972年中国派团参加斯德哥尔摩联合国人类环境会议起，到全国环境保护会议的筹备和日常工作的开展，都由国家计委牵头办理。

随着各项工作的开展以及国内外环境保护活动的日益增多，这种代办式的非专职机构越来越不适应工作的需要。1974年4月22日，国家计委以〔1974〕计计字153号文向国务院报告，建议设立国务院环境保护领导小组。

经李先念副总理和周恩来总理亲自批准，1974年10月25日，国务院环境保护领导小组正式成立。小组由计划、工业、农业、交通、水利、卫生等有关部委领导人组成，余秋里任组长，谷牧和顾明任副组长。领导小组下设办公室，负责日常工作，办公室主任由董晨担任。从此，中国现代环境保护历史上有了第一个国家级的环境保护机构。

1974年10月，国务院环境保护领导小组成立大会上就讨论通过了《国务院环境保护机构及有关部门的环境保护职责范围和工作

---

[1] 参见曲格平、彭近新主编：《环境觉醒——人类环境会议和中国第一次环境保护会议》，中国环境科学出版社2010年版，第310—311页。

要点》《环境保护规划要点和主要措施》。12 月 15 日，这两个文件以〔74〕国环办字 1 号文件的形式下发全国。

《国务院环境保护机构及有关部门的环境保护职责范围和工作要点》明确规定了国务院环境保护领导小组的职责范围：领导小组在国务院的领导下，负责制定环境保护的方针、政策和规定，审定全国环境保护的规划，组织协调和督促检查各地区、各部门的环境保护工作。领导小组下设办公室，负责日常工作，其任务是：组织贯彻环境保护的方针、政策和研究执行过程中存在的问题；提出环境保护的长远奋斗目标和年度要求的建议；组织有关部门制定、修改环境保护方面的有关标准；组织交流环境保护的经验；开展环境保护方面的外事活动，以及领导小组交办的其他事项。国务院环境保护领导小组办公室由国家建委代管。

此外，1973 年 8 月，中国人民解放军成立环境保护机构——中国人民解放军环境保护领导小组办公室。其职责是：统一管理全军环境保护工作，制定军队系统的环境保护计划、规划，组织军队系统开展环保科研、监测、污染防治以及宣传教育等工作，组织驻京部队完成北京市政府下达的环境保护工作计划等。

在地方层次，环境保护行政机构和环境保护监测机构陆续建立。1973 年 9 月 27 日至 10 月 6 日，广东省革委会在广州召开第一次全省环境保护会议，传达全国环境保护会议精神，总结经验教训，研究广东省环境保护两年规划。11 月 29 日，广东省革委会办事组通知，广东省革委会正式决定将"广东省治理工业'三废'领导小组"改名为"广东省革命委员会环境保护领导小组"，由刘田夫任组长，李建安、曾定石、向洪任副组长，另有 8 位成员。12 月 20 日，广东省编制领导小组办公室批复：（1）同意省革委会环境保护办公室设秘书、规划、技术 3 个处，编制 20 人（含工勤人员）。（2）同意成立广东省环境保护研究所和省环境保护监测中心站，两个单位合署办公，一套机构，两个牌子，归省环境保护办公室领导。事业编制 50 名（含工勤人员）。广州市、各地区和茂名等市的环境保护监测站的机构编制由地方党委研究决定。[1]

1975 年 1 月 1 日起，北京市革命委员会"三废"治理办公室改名为北京市革命委员会环境保护办公室。1976 年 12 月，经市委批准，北京市革委会成立环境保护领导小组，由市革委会副主任杨寿山任组长，市建委主任赵鹏飞、副主任张亮任副组长。[2]

二、各流域领导小组的成立

鉴于当时全国的环境污染尤其水域污染已到了相当严重的程度，早在 1972 年 6 月 23 日，根据周总理的指示，新中国成立了第一个跨省市的"官厅水库水资源保护领导小组"。

1974 年 1 月 30 日，国家计委、水电部向国务院提出《加强江河水系管理，防止水源污染的报告》，对成立主要江河湖泊保护领导小组及其办事机构提出建议：黄河流域保护由黄河治理领导小组兼管，淮河流域保护由淮河流域规划小组兼管，长江流域保护由长江中下游防汛总指挥部监管，松花江流域保护领导小组由黑龙江、吉林两省和东北协作区有关部门组成，珠江流域保护领导小组由云南、贵州、广西、广东四省（区）组成，太湖水系保护领导小组由江苏、浙江、上海三

---

〔1〕参见广东省地方史志编纂委员会编：《广东省志·环境保护志》，广东人民出版社 2001 年版，第 17 页。

〔2〕参见北京市地方志编纂委员会编著：《北京志·市政卷·环境保护志》，北京出版社 2004 年版，第 238 页。

省（市）组成。领导小组的任务是：（1）组织调研，弄清水系污染程度和主要污染源，协同有关省市拟定防治规划、组织实施；（2）拟定本水系水源保护办法和条例；（3）组织检查有关厂矿、企业"三废"处理情况；（4）会同有关地区和部门，研究加强监测的措施；（5）掌握水质污染动向；（6）组织重大科研项目的协作、人员培训和经验交流。

三、环境监测机构的建立

从第一次全国环境保护会议开始，我国的环境监测事业同时起步。1973 年的《关于保护和改善环境的若干决定》提出："环境监测机构有权监督和检查各企业、事业单位执行国家卫生标准和污染物排放标准的情况，检查水系、海域、大气、土壤、农副产品、食品等污染情况，并及时向当地主管部门提出报告。"虽然这里没有明确对环境监测的职能定位，但是对环境监测承担的任务明确提出了"监督和检查"职能作用。这也是第一次提出环境监测的"监督"职能。

《关于保护和改善环境的若干决定》提出了关于如何建设环境监测机构的意见是"以现有的卫生系统的卫生防疫单位为基础，对人员和仪器设备进行适当调整和充实，担负起监测任务。有的地方也可以单独设立监测机构"，同时要求"工业、农业、交通、水利、外贸、商业、海洋、气象等部门，以及大中型企业，要指定有关机构或设置专门人员，负责本单位、本行业的监测工作"。

这个决定意见成为各省、市成立监测机构的动员令和依据，大部分地方成立监测站是与防疫站合署办公，或在防疫站内设置一个科室。同时按照决定的要求，工业、水利、交通、海洋、气象等部门也开始建立监测机构。

按照《关于保护和改善环境的若干决定》的要求，1973 年底至

1974 年间，我国第一批省、市环境监测机构在国家环境规划中提出的重点城市及条件较好的地方，如广东、长春、大同、北京、吉林、云南、海南、广西、秦皇岛、抚顺、营口、本溪、大庆、德州、安阳、广州、韶关、武汉、沈阳等一批省、自治区和工业城市诞生。

广东省环境监测中心站是我国第一个正式批准建设的环境监测站。广东省委编制领导小组于 1973 年 12 月 20 日以粤编〔1973〕143 号文《关于环境保护机构编制问题的批复》，同意成立广东省环境监测中心站，而且是与广东省环境保护研究所合署办公。

广西壮族自治区虽然地处我国西南边境，经济也不发达，但是其环境保护工作和环境监测工作均起步较早，正式批准成立的时间与广东省站仅一个月之差，广西区站是全国最早成立的监测站之一。1973 年 12 月 23 日，广西壮族自治区计划委员会和建设委员会联合上报《关于环境保护问题的请示》，建议成立环境保护委员会和环境监测站。1974 年 1 月 28 日，广西壮族自治区革命委员会就以桂革发〔1974〕14 号文件批转区计委、区建委《关于环境保护问题的请示》，批准成立广西壮族自治区环境监测站，并与省卫生防疫站合署办公，另批编制 10 人。

1974 年 2 月 21 日，北京市革委会计划委员会〔74〕京计基字第 8 号文《关于新建环境保护监测中心任务书的批复》，同意新建北京市环境监测中心。批复中明确了建设总投资控制在 298 万元以内，监测站房建筑面积为 9650 平方米；仪器设备购置费为 138 万元。同年 3 月，北京市环境保护监测中心正式筹建，1977 年 10 月建成。[1]

1974 年 11 月 5 日，广州市编制委领导小组以穗编字〔74〕62 号文《关于成立市、区、县环境监测站的通知》确定成立监测站。12 月 9 日，广州市编制领导小组就以穗编字〔74〕75 号文《关于环境监测站隶属关系问题的通知》，决定将市环境监测站独立出来。文件明确指出："为了便于监测站开展工作和归口管理，经市委决定，市环境监测站单独建立，归口市环境保护办公室领导。"但是区、县监测站由于各区、县监测能力不足以单独开展环境监测工作，故依然依托于防疫站，实施双重领导。

1975 年 1 月 21 日，湖南省革委会以湘革发〔1975〕2 号文件下发《省革命委员会关于成立省革命委员会环境保护领导小组的通知》，决定成立湖南省革命委员会环境保护领导小组，下设湖南省革命委员会环境保护领导小组办公室，同时成立湖南省环境保护监测站，暂定事业编制 25 名，与省劳动卫生研究所合署办公，由省卫生局领导，业务上接受省环境保护领导小组办公室的指导。

1975 年 6 月 27 日，沈阳市编制委员会下发《关于成立市环境保护监测站的通知》（沈编发〔1975〕3 号文件），通知指出："县、区、局革命委员会（革命领导小组）：根据国务院指示，为加强环境保护监测工作，决定成立沈阳市环境保护监测站，隶属市环境保护办公室领导。编制四十名，列事业费编制。"

1975 年 7 月 23 日，湖北省革命委员会下发鄂革文〔1975〕70 号文《关于环境保护监测站人员编制的批复》，文件中明确："为了进一步做好环境保护工作，经研究，同意建立省、市 7 个环境保护监测站。事业编制 150 人。其中，省站 40 人，武汉市 30 人，黄石市 20 人，十堰市及宜昌、沙市、襄樊市各 15 人。所需经费由省、市工交事业费开支。以上环境保护监测站与省、市卫生防疫站合署办公。"

1975 年 7 月，辽宁省编制委员会辽编发〔1975〕15 号文件批准，作为辽宁省环境监测中心站前身的"辽宁省环境保护监测科学研究所"正式成立。辽宁省环境保护监测科学研究所属环境监测站与环境保护科学研究所合一机构，单位性质为县处级国家科研事业单位，隶属于辽宁省基本建设委员会环境保护领导小组办公室。

1976年3月16日，四川省环境保护办公室向省革命委员会提出《关于建设重庆、成都、自贡和渡口四市环境保护监测站的请示报告》。仅仅经过1个月时间的研究，省革委会就同意环保办的意见，同意成立4个城市的环境监测站。在四川省环境保护办公室提交报告后仅仅3个月，1976年4月15日，四川省革命委员会就以川革函〔1976〕64号文《批转省环境保护办公室"关于建立成都、重庆、自贡、渡口四市环境保护监测站的请示报告"的通知》，同意成立4个城市环境监测站。[1]

1979年5月14日，原国务院环境保护领导小组以〔79〕国环办字40号文，确定拟成立的中国环境科学研究院由中国环境科学研究院、中国环境监测总站、中国环境科学情报研究所和代管的中国环境科学学会办公室4个部门组合而成。对外4块牌子，对内一套行政机构，编制500人。其中，中国环境监测总站下设电子计算机站（与情报所合设）、监测网管理室、统计室、监测分析室、标准样品供应室，共80人。1979年11月12日，原国家计划委员会《关于中国环境科学研究院和中国环境监测总站计划任务书的复函》（计基〔1979〕644号），批准建设中国环境科学研究院和中国环境监测总站，编制为

---

[1] 参见丁中元：《风雨同舟四十年：环境监测侧记》，中国环境出版社2015年版，第36—45页。

500 人。[1]

四、环境保护法制体系的初步构建

第一次全国环境保护会议后，中国的环境保护法制体系逐步从无到有地建立起来。1973 年，第一次全国环境保护会议后，国务院发布了我国第一个全国性环境保护标准——《工业"三废"排放试行标准》，为环境保护工作提供了基本依据；国务院环境保护领导小组将环境保护工作纳入国家计划，不断加强"三同时"制度的检查力度，形成了我国环境保护事业早期的法制体系。

（一）第一个全国性环境保护标准的颁布

第一次全国环境保护大会期间，与会代表对《工业"三废"排放试行标准》的讨论稿进行了充分讨论。综合各方意见后，1973 年 11 月 17 日，由国家计委、国家建委、卫生部联合批准颁布了中国现代环境保护历史上的第一个环境保护标准——《工业"三废"排放试行标准》（GBJ4-73）。

《工业"三废"排放试行标准》是一种浓度控制标准，是对工业污染源排出的废气、废水和废渣的容许排放浓度所作的规定，共分 4 章 19 条。总则部分要求各地区根据本标准制定地区性工业"三废"排放标准。制订这项标准是以《工业企业设计卫生标准》为依据，参考世界各国排放标准，结合中国当时的实际情况而制订的。其特点是：易于掌握、简便易行、好管理。对于企业来说，没有总量控制要求，只要达到浓度要求就认为合格了。

《工业"三废"排放试行标准》在我国环境保护管理工作中曾发挥

---

〔1〕参见中国环境监测总站编：《中国环境监测总站三十年》，中国环境科学出版社 2010 年版，第 3 页。

较大作用，尤其对于作为初创阶段以"三废"治理和综合利用为特色的污染防治工作作用更为明显。

我国环境保护工作起步的初期，相关部门颁布了一系列环境标准。随后，有关部门又颁布了《放射防护规定（内部试行）》（1974）、《生活饮用水卫生标准（试行）》（1976）、《渔业水质标准》（1979）和《农田灌溉水质标准》（1979）。

（二）第一个环境规划的颁布

1974年12月15日，《环境保护规划要点和主要措施》以〔74〕国环办字1号文件的形式下发全国。

《环境保护规划要点和主要措施》提出保护和改善保护，是关系到保护人民健康、巩固工农联盟和多快好省地发展农业生产的一个重要问题。认真做好这项工作，具有重大的政治意义和经济意义，对于社会主义事业的发展尤其有着长远的意义。因此，要充分发挥社会主义计划经济的优越性，按照"统筹兼顾、适当安排"的方针，认真做好环境保护的长远规划和年度计划。

《环境保护规划要点和主要措施》提出的规划要点有：（1）水系。全国主要江河湖海，包括渤海、长江、黄河、松花江、鸭绿江、辽河、珠江、淮河、海河、漓河、太湖、官厅水库、滇池等水系的污染，要在三至五年内基本上得到控制，十年内做到根治。为此，各主要水系都要建立管理机构，会同有关地区和部门制定防治污染的规划，分别纳入各省、市、区和部门的长远规划和年度计划，并组织流域有关工矿企业进行治理，使"三废"的排放，在三至五年内都达到国家规定的标准。十年内全部水域的水质都要达到国家规定的地面水水质标准，恢复到良好状态。（2）企业。要求工矿企业，特别是大、中型企业，积极开展综合利用、改革工艺、消除污染危害，新建扩建改建的企业应符合国家规定的《工业企业设计卫生标准》《工业"三废"排放试行标准》《放射防护规定》。现有污染危害的大、中型企业要在三至五年内，使有害物质的排放符合国家规定的标准。在十年内，所有企业都要符合国家规定的各项环境标准，成为不危害职工健康、不污染周围环境的清洁工厂。
（3）城市。十八个重点城市要在三至五年内实现清洁城市的要求，要做到：工业和生活污水得到治理，按国家规定的标准排放；所有排烟装置（工业窑炉、采暖锅炉、茶炉等）都要采取消烟除尘措施，使烟尘的排放达到国家规定的标准；垃圾、粪便、废物要做到及时、妥善处理；大搞植树造林、种植草坪，绿化环境；采取措施，减少城市噪声和汽车废气的污染。十年内，全部城镇都要达到清洁城镇的要求。
（4）农药。积极发展高效、低毒、低残留的农药新品种，逐步取代高残留的有机汞、有机氯和剧毒的有机磷等农药。当前，在茶叶、烟叶、中草药、瓜果、蔬菜等作物上，要立即停止使用高残留和剧毒的农药。到 1980 年，在农业生产上，做到基本上不再使用六六六、滴滴涕、汞制剂、砷制剂等残毒大的农药和"三九一一"等氟乙酰胺等剧毒农药。鉴于大量使用有硫酸根的化肥会破坏土壤，大量使用有硝酸根的化肥会污染江河、危害人畜，建议在长远规划中，适当控制这类化肥的生产。（5）食品。在近期内，要建立起必要的食品检验机构，制定食品卫生标准和生产、加工、运输、包装、保管等卫生条例，检查、督促有关部门贯彻执行。当前，对只为装饰而有害的添加剂，要立即停止使用；对必须加入的添加剂，如防腐剂等，要选择无毒或低毒的产品，并严格控制加入量；对考虑出口需要必须加入的添加剂，要选择国际上允许采用的品种。在一二年内，要做到各类食品中有害有毒物质不超过国家规定的卫生标准。要积极试验和采用新技术、新原料，不断

提高食品质量、防止食品污染。（6）科研。开展环境保护基础科学和
理论的研究，摸清各种环境因素对人体健康和生物、土壤、水利等自
然资料的影响规律。批判资产阶级环境理论，建立具有我国特色的环
境科学及其理论。研究快速、准确、轻便的监测方法和仪器，研究无
害或少害的新工艺、新原料。1980年前，要找出治理《工业"三废"
排放试行标准》中所列各种污染物质的途径。（7）监测。在三五年内，
各省、市、自治区以及重点工业城镇都要建立和健全环境监测机构，
担负起监测任务；工业、农林、交通、水利、外贸、商业、海洋、气
象等部门，以及大、中型企业，要指定有关机构或设置专职人员，负
责本单位、本行业的监测工作；卫生部建立全国环境监测中心，负责
全国监测工作的资料综合分析、技术指导和科普等任务。到1980年，
全国基本上形成健全的环境监测系统，能做到及时查清污染源和污染
物质，为环境治理提供依据。

为了实现上述目标，《环境保护规划要点和主要措施》提出的主要
措施有：（1）把住建设关，强调"三同时"。一切新建、改建、扩建
的工业、交通、科研等项目，认真执行"三废"治理设施与主体工程
同时设计、同时施工、同时投产的规定，否则不准建设，计划、建设
和主管部门要严格把关。（2）加强技措，改造老企业。对现在造成污
染的工矿企业，以及城市、河流、港口等作出治理规划，纳入各部门、
各地区的计划，争取十年内，分期分批地实现消除污染的目标。为此，
需要国家每年在工业基本建设投资中拿出5%—7%，作为治理费用，
并在材料、设备上给予保证。近一二年可先拿出略低于这一比例的投
资试行。（3）加强管理。国务院有关部门和各省、市、区都要建立起
环境保护机构。要制定保护和改善环境的各种法令和条例，如水源保
护，空气污染的控制，放射物的控制，噪声的控制，防止食品污染，

禁止向江河湖海倾废，防止港口、码头、近海、内河油污染，野生动植物资源的保护，森林、草原、园林的保护，自然资源和工业"三废"的综合利用等条法，并组织和督促各有关方面认真实行。

这份规划是一份很有雄心的规划，有些要求即使今天都很难完全做到，却展现了"文革"背景下中国第一代环保人的魄力与勇气。在他们的不断努力下，1975 年 5 月，国务院环境保护领导小组在《关于制定环境保护十年规划和"五五"（1976—1980）计划》的文件中，对各地区、各部门提出要求，要把环境保护规划纳入国民经济和社会发展计划，作为其中的一个组成部分。环境保护工作从"五五"计划开始，逐步成为国民经济计划不可或缺的重要内容。

（三）环境保护法律法规的制定

根据全国环境保护会议筹备小组的建议，由交通部起草了《中华人民共和国防止沿海水域污染暂行规定》，曾两次邀请总参谋、海军司令部、外交部、农林部、国家海洋局、中国租船公司等部门讨论修改。在全国环境保护会议上进行了《中华人民共和国防止沿海水域污染暂行规定》专题座谈讨论，并作了修改。1974 年 1 月 30 日，国务院转发了交通部关于《中华人民共和国防止沿海水域污染暂行规定》的报告。《中华人民共和国防止沿海水域污染暂行规定》经国务院批准，成为我国近海环境保护的基本法律文件。

1978 年 3 月通过的《中华人民共和国宪法》第 11 条对环境保护作出了专门规定："国家保护环境和自然资源，防治污染和其他公害。"同年 11 月，邓小平指出："应该集中力量制定刑法、民法、诉讼法和其他各种必要的法律，例如……森林法、草原法、环境保护法。"12月底，中共中央转发了国务院《环境保护工作汇报要点》，就立法保护环境作出明确指示。1979 年 9 月 13 日，标志着环保法律体系开始建立的中国首部环保法律——《环境保护法（试行）》在五届全国人大常委会原则通过并实施。该法明确了中国环保的基本方针、任务和政策，规定了环保的对象、任务和方针，确立了"预防为主、防治结合、综合治理"等基本原则以及环评、"三同时"和排污收费等基本制度。[1]

第三节　全社会环境保护意识的逐步觉醒

环境保护的宣传教育，是宣传环境保护方针政策，传播环境保护科学技术知识，提高全民族环境意识，培养不同层次、不同专业人才的必由之路。1973 年全国环境保护会议以后，我国各级环境管理部门在环境宣传教育方面做了大量工作，对发展环境保护事业起了很大的推动作用。

一、环境保护宣传

在第一次全国环境保护会议的推动下，中国引进了环境保护的电影，同时关于环境保护的外国著作由第一代环保人翻译进入中国。环境教育逐渐发展，环境宣传不断加强，全社会的环境保护意识逐步觉醒。

第一次全国环境保护会议确立了"全面规划，合理布局，综合利用，化害为利，依靠群众，大家动手，保护环境，造福人民"的环保方针，把鼓励公众自觉参与环境保护提到显著的位置上来。中国科学技术情报研究所配合全国环境保护会议精神的贯彻，进口了 14 部介绍

---

〔1〕参见汪劲：《环境法治的中国路径：反思与探索》，中国环境科学出版社 2011 年版，第 4—5 页。

国外环境污染和治理"三废"情况的影片。[1]

1973 年 6 月—10 月中国科技情报所受国务院环境保护领导小组办公室委托，在北京农业展览馆举办了第一次全国环境保护展览会，参观者达 10 万人次。在京展出结束后，又到石家庄、成都等地巡回展览。[2]

第一次全国环境保护会议筹备阶段，会议筹备组已经编译了 200 余万字的外国有关环境保护的资料。根据会议的安排，在会后，以全国环境保护会议筹备组的名义，由人民出版社在 1975 年出版了《环境保护经验选编》一书。[3]

第一次全国环境保护会议后，国务院组织翻译出版了《寂静的春天》《进步带来的危害——苏联的环境污染》《国外八大公害事件》《国外公害概况》《国外城市公害及其防治》《只有一个地球》等一批环境保护启蒙读物，开辟了面向广大公众的社会教育的先河。从 1973 年 11 月起，国家环境保护会议筹备组办公室委托化工部设计院组织编写《国外公害丛书》，至 1975 年，共出版 11 种。[4]据不完全统计，1973—1976 年，我国翻译的环境科学著作有 17 种。[5]这些翻译著作在"文革"的岁月中为中国了解世界环保动态打开了一扇窗口。

1973 年，北京市创办了全国第一份环境保护刊物，当年 8 月作为内

---

〔1〕参见丁中元：《风雨同舟四十年：环境监测侧记》，中国环境出版社 2015 年版，第 40 页。

〔2〕参见曲格平主编：《环境科学词典》，上海辞书出版社 1994 年版，第 73 页。

〔3〕参见曲格平、彭近新主编：《环境觉醒——人类环境会议和中国第一次环境保护会议》，中国环境科学出版社 2010 年版，第 312 页。

〔4〕参见曲格平主编：《环境科学词典》，上海辞书出版社 1994 年版，第 73 页。

〔5〕参见马祖毅等：《中国翻译通史·现当代部分·第 3 卷》，湖北教育出版社 2006 年版，第 239 页。

部资料出版第一期，郭沫若题写刊名。1974 年，《环境保护杂志》正式创刊，为双月刊，全国发行。钱伟长的四国环境保护报告的主体部分就发表在这本刊物上。第一次全国环境保护会议后，"环境保护"正式进入公共话语体系，在《人民日报》《红旗》等理论阵地出现的频次逐渐增加。

二、环境保护人才的培养

第一次全国环境保护会议后，《关于保护和改善环境的若干规定》明确要求："有关大专院校要设置环境保护的专业和课程，培养技术人才。"1972 年，北京大学化学系、技术物理系、地质地理系、地球物理系、数学力学系、生物系和法律系等就开始环境科学研究与教学工作，1973 年，北京大学开始设置环境分析、环境化学、环境地理等环境保护专业。[1]1974 年 9 月 16 日，中山大学首次开办自然地理环境保护专业，招收了第一届新生。[2]1975 年，北京工业大学开设环境监测专业。1977 年，清华大学在给排水专业的基础上，设立了环境工程专业。1978 年，北京师范大学开始招收环境地学专业硕士研究生。[3]1978 年春，广东省环境保护学校开始招生，1979 年，湖南环境保护学校招生。[4]1980 年 9 月，北京市总工会职工大学开办环境保护大专班。[5]从 1979 年 8 月起，国务院环境保护领导小组在大连、庐山、呼和浩特、

〔1〕参见北京市环境保护局环保志编委会编：《北京志·市政卷·环境保护志》，北京出版社 2004 年版，第 465—466 页。

〔2〕参见《广东省志·环境保护志》，第 18 页。

〔3〕参见 北京市环境保护局环保志编委会编：《北京志·市政卷·环境保护志》，北京出版社 2004 年版，第 466 页。

〔4〕参见国家环境保护局编：《光辉的事业：纪念中国环境保护事业开创 15 周年》，中国环境科学出版社 1988 年版，第 170 页。

〔5〕参见北京市环境保护局环保志编委会编：《北京志·市政卷·环境保护志》，北京出版社 2004 年版，第 466—467 页。

西安、兰州、南京、成都、南宁等地，先后举办了 7 期"全国环境管理干部训练班"，主要培养市以上环保部门的领导干部。1981 年 8 月，秦皇岛环境保护干部学校正式成立。[1]

环境保护专业教育发展较快，至 20 世纪 80 年代初，全国有 30 多所高等院校设置了 20 多个环保方面的专业。1973 年全国环境保护会议后的 10 年间，全国培养环境专业硕士研究生 114 人，大学生 1724 人，中专生 610 人。这些人才的培养为新兴的环保工作提供了重要的有生力量。

三、环境学会的成立

1978 年，随着环境保护工作的开展和环境保护教育的发展，在马大猷、刘东生、赵宗燠、过祖源、马世骏、陶葆楷、曲格平、刘培桐、刘静宜、李苏、郭方等一批老科学家和有识之士的倡议下，由中国科学院和国务院环境保护领导小组及国家有关部委和部分大专院校发起申请筹建中国环境科学学会。

这一要求得到了国务院环境保护领导小组和中国科协的支持。1978 年 5 月 5 日，中国科协发出〔78〕科协字 10 号文，正式批准成立全国性环境科技方面的专门学会——中国环境科学学会。1978 年 8 月，国务院环境保护领导小组和全国科协联合以〔78〕国环字 15 号、〔78〕科协字 65 号文发出《关于筹备召开第一届中国环境科学学会代表大会的通知》。《通知》明确指出，中国环境科学学会是在中国共产党领导下，团结全国环境科学技术人员、组织环境科学学术活动的群众性团体，是全国科协的组成部分。《通知》还规定了会员条件，并说明各省、市、自治区环境科学学会会员是中国环境科学学会的当然

---

〔1〕参见国家环境保护局编：《光辉的事业：纪念中国环境保护事业开创 15 周年》，中国环境科学出版社 1988 年版，第 171 页。

会员。通知中确定第一届中国环境科学学会代表大会于 1978 年底或 1979 年初召开，其主要任务是：

（1）决定学会的工作方针和任务，制定学会章程和工作计划。

（2）选举全国理事会，组成常务理事会。

（3）确定学会会刊，聘任编辑委员会，通过编委会组织工作条例。

（4）建立专业学科组，设置学会办公室等办事机构。

（5）进行环境科学学术交流。

《通知》还决定由国务院环境保护领导小组办公室、冶金部、石油部、化工部、水利电力部、教育部、中国科学院、北京市、天津市、上海市等单位委派部分人员组成中国环境科学学会筹备组，负责大会筹备工作，其主要任务是：

（1）起草并审议大会有关文件。

（2）审查代表资格，提出第一届理事会候选人名单。

（3）提出首届代表大会主席团、秘书长建议名单，确定大会日期、地点、议程等有关事项。

《通知》要求筹备委员会由国务院环境保护领导小组办公室负责组织，由一名主任委员、若干名副主任委员、一名秘书长和若干名委员组成。

1978 年 11 月 26 日—30 日，中国环境科学学会筹备委员会经中国科学技术协会批准，召开了第一次会议。国家建委副主任兼国务院环境保护领导小组办公室主任李超伯主持了会议。会议主要议程是讨论环境保护工作的方针、任务、重大环境科研课题以及第一届环境科学学会代表大会的筹备工作。出席会议的有从事环境科研的化学、生物学、地学、医学、环境工程、经济、法学、哲学等方面的专家、教授以及环境保护部门的部分负责人，共 30 多人。时任国务院环境保护领导小组办公室副主任的曲格平对会议作了小结。会议贯彻了"百花齐放，百家争鸣"的方针，畅所欲言，各抒己见，对我国环境保护工作的方针、任务、环境科学研究的方向以及筹备召开第一届环境科学学会代表大会的有关事项进行了热烈而认真的讨论。大家一致认为，环境保护工作是"四个现代化"的重要组成部分，成立环境科学学会对推动各分支学科的互相渗透，建立我国环境科学学科体系，促进国民经济的发展都具有重要意义。

根据既要积极又要作好充分准备的原则，会议确定环境科学学会第一次代表大会于 1979 年 2 月底 3 月初召开。会议审查了代表大会代表的资格，作了适当的调整和增补，确定了代表名额为 300 人。会议提出了常务理事候选人名单，提交代表大会审议。会议还讨论了学会1979 年的工作计划，并就机构设置、组织发展、学术活动的内容及学会的自身建设提出了建议。

李超伯在讲话中指出，学会的筹备过程是一个宣传的过程。环境科学是一门新学科，还没有被人们充分认识，因此需要广泛开展宣传教育。只有人民群众认识提高了，环境保护工作才有坚实的基础。

经过积极认真的酝酿和筹备，于 1979 年 3 月 21 日—30 日在成都市召开了中国环境科学学会第一次代表大会，也可以说是中国环境科学学会正式宣告成立的大会。按照中国环境科学学会筹备工作会议的决议，此次大会不仅是学会的成立大会，而且是检阅新中国成立以来中国环境保护科研成果的学术交流会。

参加会议的代表共 355 人。声学家马大猷，海洋学家曾呈奎，生物学家曲仲湘、马世骏，医学家杨铭鼎，地质学家刘东生，环境工程学家过祖源等知名专家参加了会议并作了学术报告。国家建委副主任兼国务院环境保护领导小组办公室主任李超伯、卫生部副部长郭子恒、中国科协学会部部长王健、国防科工委后勤部副部长何权轩等出席了会议。曲格平致大会开幕词。李超伯就环境保护和环境科学学会的方针、任务讲了话，并致会议闭幕词。

联合国环境规划署助理执行主任撒切尔及其助手李我焱，以及美国闵家荣博士，专程赶来祝贺大会的召开，并分别作了"关于联合国环境规划署的工作""关于环境资料查询系统的工作""美国近10年来环境保护工作"的报告。

会议通过了《中国环境科学学会章程（草案）》和《中国环境科学学会1979年工作计划（提纲）》。

理事会推选李超伯为理事长，马大猷、过祖源、刘东生、曲仲湘、李苏、陈西平、郭子恒、曾呈奎为副理事长，陈西平兼秘书长。选举马大猷等106人为中国环境科学学会第一届理事会成员。

经1979年3月30日召开的第一次代表大会审议原则通过，产生了中国环境科学学会第一部章程。该章程由总则、会员、组织机构、领导关系、经费、附则共6章18条组成。会议决定建立14个专业委员会和专业组。

会议进行了广泛的学术交流。大会共收到学术报告、论文、资料183篇，包括环境基础科学、应用科学和社会科学等各方面的内容，在会上报告了99篇。其中如《黄海胶州湾污染的调查》《环境污染与癌》《植物对大气污染的反应》《应用电子计算机模拟计算沈阳地区二氧化硫的分布情况》《环境保护法的研究》等报告，对我国环境保护工作和环境科学技术的发展具有重要意义。

会议认为，中国环境科学学会的成立，反映了广大环境科学工作者的共同愿望，标志着我国环境科学研究进入组织起来、加速发展的新时期，是环境科学发展的里程碑。环境科学是一门涉及自然科学和社会科学广泛领域、综合性很强的新兴学科，只有组织一支统一领导、目标一致、密切配合的多学科的研究队伍协同作战，才能避免单一学科的局限性。通过成立中国环境科学学会，可将分散在全国各地区、各系统、各部门的各学科的环境科研工作者组织起来，这对推动环境科学各学科互相促进、互相渗透、不断开拓新领域，向环境科学的深度和广度进军，将产生深远影响。许多两鬓斑白的老科学家、老教授抚今追昔，思绪万千。杨铭鼎教授满怀深情地把学会的成立比作生机勃勃的婴儿诞生，希望大家不仅当"产婆"，还要当"保姆"，爱护和关怀学会，促使它茁壮成长。

与会科学家对我国环境污染状况感到焦急和忧虑，对环境保护工作和环境科学的发展提出了很多好的意见和建议。北京师范大学刘培桐说："有的领导只有生产观点，没有生态观点，不重视环境保护工作。如果我们对环境污染仍不加以控制，在我国的某些地区就必然会出现生态危机！"上海细胞所研究员王蘅文说："致癌的环境因子在人体内有很长的潜伏期。目前的污染若不认真加以治理，20 年后将产生不堪设想的严重后果。"大家认为若不注意环境保护，如此下去势必拖"四个现代化"的后腿，贻害子孙后代，我们也将会成为历史的罪人。

1979 年 3 月 30 日，中国环境科学学会第一次代表大会闭幕了。从此以后，在国务院环境保护领导小组办公室、国家建委、中国科学院等部门和机构的支持、指导和参与下，在众多著名科学家前辈的引领下，中国环境科学学会开始走向快速发展的 10 年。[1]

---

[1] 参见中国科学学会编著：《中国科学学会史》，上海交通大学出版社 2008 年版，第 5—8 页。

第四节　环境保护工作的开展

全国环境保护会议后，各级政府开展了针对突出环境问题的调查和重点治理工作。

一、官厅水系水源保护研究

在官厅水库水源保护领导小组的领导下，成立了多学科、跨部门、跨地区的官厅水系水源保护科研协作组。1972—1975 年，由中国科学院所属地理所、贵阳地球化学研究所、北京植物研究所、北京动物研究所、高能物理研究所、微生物研究所、生物物理研究所、环境化学研究所、地质研究所、湖北水生生物研究所、南京土壤研究所、青海高原生物研究所，以及医科院卫研所、中国农科院生物研究所、官厅水库管理处、市卫生防疫站、市环保所、市农科院、市水文地质公司、北京大学、北京师范大学、北京医学院和河北省、山西省、内蒙古自治区的环境保护监测站、卫生防疫站等 39 个单位协作，百余名科技人员参加，完成了中国第一个跨省市全流域水系环境综合研究课题《官厅水系水源保护的研究》。该研究在污染物和污染源的评价中首先提出了"等标污染指数"的概念和计算公式，在河系水质污染评价中提出了"等标污染负荷"的概念和评价公式。经过三年对官厅水库上游的污染源、入库河系、污水灌溉和库区的水质、底泥、水生生物的污染状况，污染物与人体健康和环境的关系，污染物的分析化验方法，污水处理技术等方面的综合调查和试验研究，基本摸清了库区水质污染程度，查清了官厅水系的污染源；探索了酚、氰、氟、汞、铬、砷等污染物在水体中的污染规律和评价水体污染程度的方法；提出了废水处理的有效方案；研究确定了六六六、滴滴涕、铅、镉、氯丁二烯等十几种污染物的微量分析方法，积累了 10 余万个数据。

官厅水系水源保护的研究为官厅水库的水源保护工作提供了翔实的科学依据。国务院有关部委、河北省、山西省、北京市据此开展了大量污染防治工作，使官厅水库水质明显改善。《官厅水系水源保护的研究》获 1978 年全国科学大会奖。[1]

二、北京西郊地区环境污染调查与环境质量评价研究

1973 年，市革委会工交城建组在召开的专家研讨会上决定，在北京市主导上风向、水源上游，以钢铁、电力工业为主的地区开展"北京西郊地区环境污染调查与环境质量评价研究"。在市"三废"治理办公室领导下，由市环保所、中国科学院贵阳地化所负责组织，中国科学院大气所、中国科学院地理所、中国科学院植物所、中国农林科学院原子能利用研究所、市环保监测中心、市水文地质公司、市卫生防疫站、市园林局、市水利气象局、市农科院、北京医学院、北京大学、北京师范大学、北京地质学院、北京市石景山区卫生局等 34 个单位，近 200 名科研人员参加，开展多学科大协作研究工作，于 1976 年完成。北京西郊环境质量评价研究将西郊 150 平方公里的环境空间视为一个整体，对主要环境要素大气、地面水、地下水、土壤、作物和人群健康开展了相应的研究，力求从整体上揭示环境污染、人群健康、工农业布局和自然环境之间的内在联系，阐明环境污染的发生规律、发展趋势及其危害，提出改善北京西郊环境质量的规划方案和治理措施。

在大气污染研究中，建立了 80 米气象观测塔，对西郊地区大气污

---

〔1〕参见《北京市环境志》，第 338—339 页。

染气象条件进行了观察与分析；采用风洞模拟的方法进行了大气污染扩散规律的实验研究。通过对首钢公司等扩建工程及新建居民点选址的预测计算，提出了具体的规划方案和意见。此外，还对大气污染物二氧化硫、一氧化碳、飘尘和飘尘中的3,4苯并芘进行监测，分析了大气飘尘中的形态与成分；对西郊绿地减尘和净化二氧化硫的作用进行了研究，通过对不同树种抗二氧化硫能力的探讨，提出了西郊地区绿化防护带规划的具体意见。

在对该地区水体的自然环境概况调查研究的基础上，阐明了北京西郊地区水体污染的现状和各污染源、污染物及污染途径等情况；通过地面水中酚、氰自净速度与机制，微生物对废水中酚、氰自净作用的探讨，提出了地面水中酚、氰自净模式，并采用"综合污染指数"对地面水体进行了统一评价。

在污水农业灌溉研究中，查清了污灌区的分布范围和污灌水质，总结了农民污灌的经验与教训，开展了清、污灌区类比调查研究；酚、氰在作物、蔬菜和土壤中变化规律的研究，进行了污水灌溉对地下水影响的野外调查和室内模拟试验。试验结果表明，酚、氰污染深度，在耕层土壤中为20—40厘米，在污灌渠为40—80厘米；西郊地下水污染现状与长期使用含氰较高的污水灌溉有关，主要污染途径是常年排水渠渗漏。据此，提出了土壤污染计算模式和酚、氰污灌水质标准。

在环境污染危害调查中，注重了对人体健康的影响调查，开展了饮用水和食物中的氰化物污染对居民健康影响的调查；在大气污染现场进行了实验动物致癌能力的初步观察，分析了西郊地区环境污染对人口死亡率的影响等。

在环境质量评价理论与方法方面，重点研究了评价工作语言、方法和程序。对污染源及污染物的评价提出了"排毒指数法",据此筛选了西郊地区主要污染源和污染物。按照环境地球化学性指标对污染物进行了分类,以少量代表性污染物反映该区域的污染特征;提出了环境质量的评价模式,综合评价了环境污染现状;初步确定了环境质量与人体健康及地理分布的一致性;提出了"环境质量制图的编制方法"等。[1]

北京西郊地区环境污染调查与环境质量评价研究,对城市区域环境质量进行了首次有意义的探索实践,推动了石景山地区钢铁、电力等主要工业污染源的治理。该项研究获 1978 年全国科学大会奖。

三、天津蓟运河污染调查

1973 年冬至 1974 年春,北方地区天气干旱,海口闸门长久未开,蓟运河污水浓度增大。天津郊区用蓟运河河水灌田后,使 4.7 万亩小麦受害,其中 2.8 万亩颗粒无收。获悉此事后,国务院要求彻底调查蓟运河污染情况,并制定解决污染的办法。

经过调查,蓟运河是 20 世纪 70 年代初突出的重污染河段之一。由于航运功能早已丧失,天津化工厂和汉沽地区等 11 个工厂每天向蓟运河排放工业污水 145 万吨,污水中含有大量的酸、碱、汞、氯、苯、酚等有害物质,严重影响工农业生产和周围群众的身体健康。

根据国务院领导的批示精神,国家计委请天津市、北京市和国家建委、农林部、燃化部、冶金部、轻工部、一机部、二机部、五机部、科学院等单位共同研究蓟运河污染问题的处理对策,在全面调查的基础上提出并经国务院批准了解决蓟运河污染的四项措施:

---

〔1〕参见《北京市环境志》,第 339—340 页。

一是由天津市、燃化部、轻工部、科学院、国家建委等单位组成领导小组，由天津市委负责同志任组长，进行调查研究，提出蓟运河的治理规划。用几年的时间，集中力量，彻底治理。治理工程项目所需材料和设备给予保证。

二是蓟运河污染治理方案应采取根治的方针。要使近期与远期、上游与下游、工业与农业，全面规划，统一安排。首先要抓主要污染源的治理，充分发动群众，开展工艺改革，大搞综合利用，加强生产管理，尽量把"三废"危害消灭在生产过程中。对于必须排放的有害物质，各厂分别加以处理，力争达到工业"三废"排放标准。"三废"处理上的技术难题，由燃化部、科学院集中力量进行科学研究，争取早日突破。

三是工业"三废"对农业和环境的污染危害，不仅在天津发生，许多地方都存在这个问题。因此，各部门、各省市和工矿企业的领导同志，要吸取天津市蓟运河污染危害的教训。要作出防治污染、保护环境的具体规划，列为国民经济长远规划的一项重要内容，并在年度计划中具体安排落实。

四是为了防止盲目利用工业污水灌溉农田造成危害，农林部要迅速制定一项污水灌溉农田的水质标准。凡大面积的农田使用污水灌溉，事前要进行必要的分析测定，按允许的水质标准加以控制，以免造成大量农田受害。[1]

1979年3月，国务院环境保护领导小组、国家基本建设委员会、国家经济委员会、农业部联合颁发了《农田灌溉水质标准（试行）》，

---

[1] 参见《中国环境保护行政二十年》编委会编：《中国环境保护行政二十年》，中国环境科学出版社1994年版，第9页。

其中的附件包括《城市污水灌溉农田水质标准》。[1]

四、河北白洋淀污染调查和湖北鸭儿湖污染治理

白洋淀是我国华北地区唯一的天然大湖，对调节局部地区气候、改善华北生态环境具有重要意义。对此，早在 1972 年，周总理就亲自过问并确定了白洋淀"缓洪滞沥，蓄水灌溉，渔苇生产，综合利用"的十六字方针。但是，长期以来的重开发利用、轻管理保护，尤其随着淀区上游和周围区域内的工厂日益增多，工业污水以及生活废水大部分未经处理排入淀内，影响了淀区人民的生活和生产，引起群众的强烈不满。这一情况分别从国家建委和河北省先后反映到国务院。1974年，李先念副总理批示：这个问题必须迅速解决，否则工厂应停。我建议国家建委派一个得力的工作组去协助河北保定限期解决这个问题。因为这关系到人民生活的事，绝不能小看。

根据李先念副总理的批示，国家建委会同轻工部、燃化部、水电部、三机部、六机部、农林部、中国科学院、国务院环境保护领导小组办公室九个部门组成联合工作组，对白洋淀污染问题进行了调查，提出了治理措施，并向国务院写了报告。

湖北鄂城县鸭儿湖是由严家湖、曹湾湖、鱼湖等十个子湖所组成，湖区面积 9 万余亩，沿湖 10 个公社、1 个农场，有 40 多万人饮水都靠这里，也是湖北省鄂城县主要产鱼湖、灌溉湖之一。原来年产鲜鱼160 多万斤，沿湖周围 27 万亩耕地依靠该湖水源灌溉。由于武汉市葛店化工厂等单位每天有 7—9 万吨未经处理废水排入该湖，而武汉市有关主管部门长期不能采取有效措施治理，致使该湖污染范围不断扩大，

---

[1] 参见中国环境管理、经济与法学学会、北京政法学院经济法教研室编：《环境法参考资料选编》第 3 辑，1982 年，第 73—81 页。

污染程度日益加深，水质逐渐恶化，沿湖地区 40 多万人受到废水毒害的威胁，被污染严重的地方水变质、鱼变异、粮食减产，已严重影响和危及人民身体健康和生命安全及渔业、农业生产的发展。[1]

据 1971 年和 1972 年捕捞数量统计，年产量在 2 万公斤以下，原产 17 种经济鱼，污染后只有鲫鱼和鲤鱼，鱼体骨骼发生畸形，脊柱扭曲，鱼肉带农药味，群众称为"药水鱼"。检测发现，每公斤鱼肉含 1605（乙基对硫磷）达到 0.48 毫克，六六六达到 29.03 毫克。湖水灌溉的 4 万多亩水田，苗黄根烂绝枝，生产的糙米平均每公斤含六六六为 2.4 毫克，超过卫生标准 32 倍；鸭蛋每公斤含六六六量达 154.4 毫克，超过标准 300 多倍。据调查，1962—1975 年的 13 年间，沿湖社队农民发生过 1634 人中毒，有 114 人为重症中毒；大牲畜因中毒而死亡的达 278 头。1971 年 4 月，在鸭儿湖捕捞的 3 万公斤鲜鱼，送市内的武昌及青山区销售后，发生居民食鱼中毒。1974 年，武汉微型电机厂和武汉锅炉厂职工食用鸭儿湖受污染的鱼后，有 480 人中毒。武汉市卫生防疫站从患者家取样分析检验，每公斤鱼肉内含对硫磷达 0.9 毫克。[2]

1975 年，新华社记者将鸭儿湖受污染的情况写成内参，引起了中央的重视，李先念批示："鸭儿湖到了非治不可的时候了。"此后湖北省委作出治理鸭儿湖的决定。1975 年 11 月 12 日，鄂城县委和鄂城县革委会向国务院递交了《关于鄂城县鸭儿湖污染情况和治理意见的报

---

[1] 参见鄂城县委、鄂城县革委会：《关于鄂城县鸭儿湖污染情况和治理意见的报告》（1975 年 8 月）。

[2] 参见武汉市环境保护局编：《武汉环境志》，中国环境科学出版社 1991 年版，第 57 页。

告》。[1]1976 年 9 月，治理鸭儿湖的工程破土动工，鄂城县组织 2 万多人上湖，做了 600 万个工日。1976 年 12 月氧化塘治理工程初具规模，到 1978 年 8 月，所有附属工程设施全部竣工投入运行。

生物氧化塘是将严家湖分割成 5 个池塘，用涵闸和滚水墙互相连接，以增进曝气和控制水位。上游 4 个塘（共 2800 亩）以串联形式运转，通过藻菌类生态系统净化废水，除去有害物质；利用最后一个3200 亩的池塘，养殖鱼种，通过鱼类回收一部分氮、磷营养元素，进一步提高出水口的水质。鸭儿湖氧化塘投入运行一年多后，湖中的水生动植物就已开始大量生长繁殖。1979 年测定，鲫鱼畸形率已由 1976年的 40% 下降到 0.1% 以下；大米、蔬菜中六六六残留量分别下降了70% 和 60%；鸭蛋、鸡蛋分别下降了 89% 和 82%。1982 年，鸭儿湖出现荷叶吐绿，水草茂盛，游鱼阵阵，水鸟成群的景象，湖区农业生态环境基本上恢复正常。[2]

五、南黄海北部海域石油污染调查

胶东半岛东部海面，即乳山口、石岛、龙须岛、烟台一带 1000 多里沿海水域，连续多年在冬春季发现漂浮大量原油油块，使沿海海岸受到严重污染，给当地水产资源、人民健康和渔民财产造成了不同程度的影响。为了弄清油块的来源，国务院环境保护领导小组办公室于1974 年 10 月 18 日—20 日，在烟台召开了座谈会，研究部署这一海域石油污染的调查工作。参加这次座谈会的有山东省建委、山东省环

---

〔1〕参见鄂城县委、鄂城县革委会：《关于鄂城县鸭儿湖污染情况和治理意见的报告》（1975 年 8 月）。

〔2〕参见武汉市环境保护局编：《武汉环境志》，中国环境科学出版社 1991 年版，第 57页。

境保护领导小组办公室、国家海洋局、中国科学院、卫生部、燃化部、海洋地质调查局、中国科学院海洋研究所、山东海洋学院、燃化部胜利油田、北京官厅水源保护办公室、山东省农业局、山东省地震队、山东省卫生防疫站以及烟台地区环境保护办公室、烟台海洋渔业公司、烟台水产研究所等单位的代表。

座谈会决定在山东省环境保护领导小组的领导下，组成"南黄海北部海域石油污染联合调查组"，由山东省烟台地革委宋读亭任组长，国家海洋局北海分局董万银和中国科学院海洋研究所牛一东任副组长。海洋地质调查局、胜利油田、山东海洋学院、山东农业局、山东地震队、烟台海洋渔业公司、烟台水产研究所等单位各参加 1 人为成员，调查组在烟台设临时办公室，负责与有关单位保持联系并组织、检查、督促各项调查计划的制订和实施，汇报工作情况和调查资料。办公室人员由烟台地区环办、国家海洋局北海分局、燃化部胜利油田、中国科学院海洋研究所各派 1 人组成，日常工作由烟台地区环办负责领导。联合调查组的基本任务，是尽快查清南黄海北部海域石油污染的来源。特别是要抓紧 1974 年 11 月到 1975 年 7、8 月这段时期的工作。[1]

自 1974 年以来，先后组织了有关的科研单位、大专院校、工厂和沿海省市 300 多人参加的两个调查组，对渤海和南黄海北部海域的污染情况和原因，进行了较大规模的多学科的调查研究。经过 3 年多的努力，初步摸清了这两个海域的污染现状。调查表明，渤海受石油的污染越来越严重。1976 年，全海区都检验出了石油，全部采样点每升海水平均含油量达到 0.3 毫克，比 1974 年增加了 4 倍；莱州湾、渤海湾每升海水含油量高达 0.42 毫克，比 1974 年增加了 11 倍，超过渔

---

〔1〕参见国家环境保护局办公室编：《环境保护文件选编（1973—1987）》，中国环境科学出版社 1988 年版，第 22—24 页。

业用水标准7倍。海水中汞、砷、铬、镉、氰化物等有毒物质的污染，在局部海区也逐步扩展和加重。南黄海北部海域，连续多年在胶东半岛东部海面，即乳山口、石岛、龙须岛、烟台一带1000多里沿海水域漂浮大量原油油块，漂油面积逐年扩大，1975年已有14400多平方海里。

渤海、黄海海域由于受到沿海工业和海上运输排放大量有害废水的污染，近几年来，水产资源明显减退，鱼产量急剧下降。黄花鱼、带鱼、对虾等大幅度减产。天津蛏头沽的蛏子，北塘口的银鱼、籽蟹，大连港、胶州湾的海蟹、海蜇、银鱼等已近绝迹。胶州湾26000亩滩涂养殖面积污染了40%。许多海产品因含油味和其他毒物而不能食用。水产资源的破坏严重影响了渔民生活，不少渔业队被迫弃渔为农。此外，秦皇岛北戴河、青岛水产资源，大连等沿海浴场和海滨风景区，近几年来也不断受到石油的污染。

经查明，渤海石油污染，主要是沿海几个大油田、炼油厂排出的含油污水、落地原油以及油轮排出的压舱水造成的。南黄海北部海域的石油污染，主要是因渤海受到污染，而在海流的影响下造成的。渤海局部海区的重金属污染，主要来自沿海几个大型化工厂、冶炼厂、电镀、制革等行业排放的废水。

为加强对渤海、黄海海域保护的领导，国务院决定成立渤海、黄海海域保护领导小组，由天津、辽宁、河北、山东、江苏五省市主管工业的负责同志和国家计委、国家建委、石化部、冶金部、交通部、轻工部、农林部、卫生部、中国科学院、国家海洋局等部门各派一名负责同志组成，国家建委宋养初任组长，石化部焦力人、国家海洋局沈振东任副组长。国务院要求沿海五省市和国务院有关部门要条块结合，分工负责，大力协同，制定出防治渤海、黄海污染的规划，统一规划，突出重点，分期分批地治理。[1]

六、北京市的空气污染治理

1973—1977 年，北京市空气污染治理进入深入探索阶段。在这一阶段，北京市开展了持续性的群众性消烟除尘会战，力图在短期内解决北京市空气污染问题。同时，随着对空气污染认识的深入，北京市开始探索治理空气污染的根本办法。

为了加强北京市空气污染治理的力度，北京市对消烟除尘工作的领导机构进行了调整。1972 年 11 月，"除尘小组" 合并入市革委会 "三废" 治理办公室。[2]

1973 年 3 月 23 日—31 日，北京市先于全国召开了 "北京市第一次环境保护工作会议"。会议决定在 1973 年要开展保护水源和消烟除尘两个会战。[3]

7 月 2 日，北京市消烟除尘会战动员大会召开。会议决定工作重点放在城近郊区，争取年内实现城近郊区和远郊主要干线不冒大黑烟，尽快地、更多地出现一些全厂、全行业、全区、全局不冒的黑烟单位。[4]全市消烟除尘会战在 1972 年基础上进一步推向高潮。

在全市消烟除尘会战中涌现出不少典型，二龙路街道[5]就是其中的一个。二龙路街道地处首都中心，原来每年的锅炉降尘量有 2000

---

〔1〕参见国家环境保护局办公室编：《环境保护文件选编（1973—1987）》，中国环境科学出版社 1988 年版，第 60—63 页。

〔2〕参见北京市环境保护局《大事记》编写组：《北京市环境保护大事记（1971—1985）》，1986 年，第 10—11 页。

〔3〕参见 "三废" 治理办公室：《北京市环境保护工作会的基本情况》（1973 年 3 月）。

〔4〕参见本刊编辑部：《北京市环境保护工作简讯》，《环境保护》1973 年第 1 期。

〔5〕今天的金融街街道。

多吨。消烟除尘会战开始后，二龙路街道成立了"城市建设环境卫生组"，深入调查走访了全地区 100 多个单位，充分发动群众，组建了 40 余人的改造炉灶的专业队。[1]二龙路街道还建立了群众监督网，下辖的 28 个居委会都成立了监督检查小组。二龙路的消烟除尘工作实现了"条条治理、块块监督，条块结合"。[2]经过一年的努力，该街道 95% 的锅炉完成了改装任务。[3]1973 年 8 月 8 日，北京市发出《关于批转西城区二龙路街道开展消烟除尘群众运动的经验的通知》，号召放手发动群众，开展消烟除尘大会战。[4]

1974 年 3 月上旬，北京市展开第一次"消烟除尘"大检查，检查了 1973 年 7 月消烟除尘会战动员大会后的消烟除尘情况，但是从效果上看，由于缺乏技术和认识不足，已经采取消烟除尘措施的锅炉中只有约一半效果不错。[5]

为了进一步加强消烟除尘工作，北京市采取了限期治理的政策。1974 年 5 月 14 日，北京市确定了第一批 200 个单位作为消烟除尘的重点单位，还要求这些重点单位争取在 1974 年底前解决烟尘污染。市"三废"治理办公室还要求，各区、县、局在重点抓好第一批 200 个单位的同时，可再确定一批自行掌握的重点烟尘污染单位，开展治

[1] 参见金子成主编：《北京西城往事·西城追忆集粹·第 3 部》，中国文史出版社 2009 年版，第 59—61 页。

[2] 参见北京市地方志编纂委员会编著：《北京志·市政卷·环境保护志》，北京出版社 2004 年版，第 140 页。

[3] 参见本刊编辑部：《依靠群众搞好消烟除尘》，《劳动保护》1974 年第 4 期。

[4] 参见北京市环境保护局《大事记》编写组：《北京市环境保护大事记（1971—1985）》，1986 年，第 17 页。

[5] 参见"三废"治理办公室：《关于开展 1974 年第一次全市消烟除尘大检查的通知》（1974 年 3 月 1 日）。

理。[1]1974 年 7 月，北京市对全市消烟除尘工作开展第二次大检查。[2]

1974 年 9 月 12 日—18 日，全国消烟除尘经验交流会在沈阳召开，以推进全国的消烟除尘工作。[3]会议提出了"今年基本搞完，明年扫尾"的要求。北京市为此提出"大干四季度，抓紧新年和春节前两个战役，力争春节之前完成"的工作要求。[4]截至 1974 年底，北京城近郊区 7300 台锅炉已有 71% 采取了消烟除尘措施，1580 台工业窑炉已有 55% 不冒黑烟，5100 台茶炉已有 50% 进行了治理。[5]

1975 年 1 月 8 日，北京市环境保护办公室[6]召开重点单位和部分工业窑炉单位消烟除尘会议，号召"放手发动群众，打好春节前消烟除尘战役"。[7]截至 1975 年底，200 个限期治理单位有 120 个得到了基本解决；"一线两片"[8]的烟尘污染有所改善。1976 年，全市又划定了第二批 100 个限期治理单位进行治理。[9]

---

[1] 参见"三废"治理办公室：《关于要求重点烟尘污染单位（第一批）加快解决烟尘污染问题的通知》（1974 年 5 月 14 日）。

[2] 参见北京市环境保护局《大事记》编写组：《北京市环境保护大事记（1971—1985）》，1986 年，第 24—25 页。

[3] 参见国家基本建设委员会：《关于全国消烟除尘经验交流会的情况报告》（1974 年 10 月 15 日）。

[4] 参见"三废"治理办公室：《关于参加全国消烟除尘经验交流会情况和贯彻意见的报告》（1974 年 11 月 26 日）。

[5] 参见北京市环境保护局《大事记》编写组：《北京市环境保护大事记（1971—1985）》，1986 年，第 29 页。

[6] 1975 年 1 月 1 日起，北京市革命委员会"三废"治理办公室改名为北京市革命委员会环境保护办公室。

[7] 参见北京市革命委员会环境保护办公室：《放手发动群众，打好春节前消烟除尘战役》，《环境保护通讯》1975 年第 1 期。

[8] "一线"，即首都机场到迎宾馆干线两侧；"两片"，指西城区和使馆区。

[9] 参见北京市环境保护局《大事记》编写组：《北京市环境保护大事记（1971—1985）》，1986 年，第 33—34 页。

1977 年 6 月 13 日至 11 月 15 日，北京市革委会开展了"毛主席纪念堂周围地区消烟除尘会战"，改造毛主席纪念堂周边 311 台锅炉，300 多台茶炉、17 台工业窑炉采取了不同形式的消烟除尘措施，27 家饮食大灶用上了液化气。[1]

在开展群众性消烟除尘会战的同时，北京市还积极探索了从根本上治理空气污染的办法，概括起来有三个方面：（1）改变城市燃料结构；（2）外迁污染企业；（3）发展集中供热。持续性的群众性消烟除尘会战是空气污染的末端治理，这些探索则试图从根本上消除空气污染的源头。

1973 年 1 月，"三废"治理办公室提交了《北京市烟尘污染源调查及初步治理意见》。《意见》指出，污染源过分集中于城近郊区是北京市空气污染严重的一个重要原因。《意见》建议：（1）改变城市燃料结构，争取多烧重油、煤气、石油液化气，制定城市煤气、石油液化气发展规划，争取早日开始勘查地下天然气资源；（2）制定城市工业分布及城市绿化规划，以保护环境；（3）适当合并小型锅炉房，发展集中供热，增设尖峰锅炉。[2]

（一）改变城市燃料结构的尝试

新中国成立后，北京的煤炭消费量飞速上涨。北京市 1949 年煤炭消费量仅为 103.5 万吨，到 1972 年增加到 1443 万吨，增长了近 14 倍。[3]煤炭消耗量的大幅增加是北京空气污染的一个重要因素。

〔1〕参见市革"三废"办公室：《关于召开消烟除尘会战总结和动员大会的请示报告》（1978 年 3 月 18 日）。

〔2〕参见"三废"治理办公室：《北京市烟尘污染源调查及初步治理意见》（1973 年 1 月）。

〔3〕参见北京市环境质量报告书编写组：《北京市环境质量报告书（1970—1980）》，1981 年，第 18 页。

1973 年 8 月的全国环境保护会议期间，北京市代表与燃化部、水电部、冶金部参会代表共同研究了北京市改变燃料结构减少空气污染的问题，并提出了一个初步方案——《北京市"四五"后两年改变燃料构成、减少空气污染的初步方案》。《方案》认为，燃煤污染是北京市空气污染的重要因素。1972 年北京市燃料结构中煤炭占比为 91.36%。如果不调整燃料结构，北京的年耗煤量将在 1975 年增加到 2000 万吨。为了减少有害气体和烟尘对首都空气的污染并缓和煤炭供应紧张的情况，从根本上来说，必须改变北京市的燃料构成，实施"以油代煤，先油后气"，计划逐步使用重油和天然气来替代煤炭。[1]

这个方案得到了北京市方面的积极响应。1974 年 3 月 12 日，万里听取北京市"三废"治理办公室汇报环保工作指出，改变燃料结构是根本的措施。[2]1974 年起，一批耗煤量大的锅炉相继开始实施"以油代煤"改造。[3]

在实施"以油代煤"改造的同时，北京市也在积极地寻找清洁能源。由于人工煤气的供应不足，北京市积极发展液化石油气，加大供应力度。1972 年，每天可供北京的煤气仅有 60 万立方米，而且白天供气不足，缺口 8 万立方米，一些工厂因此需要停产或实行分时段供气。[4]根据实际情况，北京市大力发展液化石油气供应。1974—1979

---

〔1〕参见北京市"三废"治理办公室：《北京市"四五"后两年改变燃料构成、减少空气污染的初步方案》(1973 年 8 月 22 日)。

〔2〕参见北京市环境保护局《大事记》编写组：《北京市环境保护大事记（1971—1985）》，1986 年，第 22 页。

〔3〕参见北京市地方志编纂委员会编著：《北京志·市政卷·供水志、供热志、燃气志》，北京出版社 2003 年版，第 202—204 页。

〔4〕参见北京市革命委员会公交城建组：《关于目前城市煤气计划供应的几点意见的通知》(1972 年 4 月 4 日)。

年，北京市液化石油供应进入快速发展阶段，6 年总计发展 58 万户，以年均 10 万户的速度发展。1979 年全市液化石油气的总户数达到 67 万户，年销售超过 10 万吨。这期间，北京市陆续建成液化石油气供应站 48 个，煤厂代销站 26 个，1979 年供应站总数达到 89 个，投入运行的钢瓶 80 余万个。[1]

（二）外迁污染企业的努力

北京工业的快速增长和过分集中是北京市空气污染严重的一个重要因素。"市区（包括城、近郊区）集中了全市工业的 80%，四个城区的工厂占全市工厂数的三分之一。"[2]工业在市区的高度集中导致工业污染的集中，空气污染也在其中。

1973 年北京市环境保护会议期间，传达了周恩来关于"首都工业的摆布，不要摆布这么多，应少摆或不摆，特别是有污染的工厂不要摆在首都"的讲话，以及"要把首都搞成一个清洁的城市，清洁的首都"的号召。[3]

1973 年 5 月 18 日，北京市向国务院提交了《北京市关于环境保护工作的情况报告》，提出对现有排放有害物质比较严重的单位"必要时停产治理，并有计划地迁至适当地方"[4]。1973 年 11 月 14 日，北京市"三废"治理办公室提出了《关于北京市工业合理布局和工厂搬迁

〔1〕参见北京市地方志编纂委员会编著：《北京志·市政卷·供水志、供热志、燃气志》，北京出版社 2003 年版，第 363 页。

〔2〕北京市革委会三废治理办公室：《关于北京市工业合理布局和工厂搬迁规划草案》（1973 年 11 月 14 日）。

〔3〕参见曲格平、彭近新主编：《环境觉醒——人类环境会议和中国第一次环境保护会议》，中国环境科学出版社 2010 年版，第 467 页。

〔4〕沈阳市环境保护监测站、沈阳市环境保护科研所编：《环境保护文件和标准选编》，1978 年，第 55 页。

规划草案》，计划将 36 个危害较为严重的工厂分两批迁出市区。[1]

在当时"抓革命促生产"的背景下，政府内部对搬迁污染严重的企业的认识并不统一，表现在实际工作中就是规划与实际工作差距较远。规划原计划搬迁 36 家污染严重的企业，实际上 1974 年搬了 4 家，1975 年 3 家，1976 年 1 家，1977 年一家都没有。[2]即使如此，还出现过刚搬迁走了一家污染企业又迁入另一家污染企业。当时主管环境工作的万里在了解到情况后，无奈地感叹："这是耍得什么手腕！"[3]

（三）发展集中供热的探索

除了工业废气排放，冬季民用取暖锅炉和煤炉的低空排放也是北京空气污染的重要因素之一。针对这种情况，1973 年，北京市提出了"发展余热利用，有计划地发展集中供热"的方针。

北京市积极进行工业余热利用的探索。1972 年 11 月，首都钢铁公司余热采暖工程竣工，供暖面积达 3 万平方米。到 1979 年，首钢余热利用面积达到 44.5 万平方米。[4]

就集中供热而言，60 年代后北京市集中供热建设不足。1974 年冬工业蒸汽供需缺口每小时 100 吨。[5]从 60 年代开始，北京市的分散

---

〔1〕参见北京市革委会三废治理办公室：《关于北京市工业合理布局和工厂搬迁规划草案》（1973 年 11 月 14 日）。

〔2〕参见北京市地方志编纂委员会编著：《北京志·市政卷·环境保护志》，北京出版社 2004 年版，第 184、188 页。

〔3〕北京市环境保护局《大事记》编写组：《北京市环境保护大事记（1971—1985）》，1986 年，第 28 页。

〔4〕参见北京市环境保护局《大事记》编写组：《北京市环境保护大事记（1971—1985）》，1986 年，第 45 页；北京市地方志编纂委员会编著：《北京志·市政卷·供水志、供热志、燃气志》，北京出版社 2003 年版，第 249 页。

〔5〕参见北京市地方志编纂委员会编著：《北京志·市政卷·供水志、供热志、燃气志》，北京出版社 2003 年版，第 202 页。

式锅炉房迅速发展。1961—1965 年，北京城市民用建筑平均每年增长 159.9 万平方米，其中将近 85% 仍由分散小锅炉供热。这种分散锅炉房的供热规模、锅炉效率以及消烟除尘等仍处于较低水平。[1]针对这种情况，北京市提出发展"大院式"供热和联片集中供热的办法。

1975 年开始，清华大学将全校 29 个分散锅炉房的 69 台小锅炉合建为 3 个大锅炉房，共安装 9 台大容量锅炉。改建后室温提高，每个采暖期节煤 9900 吨，减少司炉工 245 人和 20 多处煤炭、炉渣堆放场地，校内环境大为改善。[2]到 1977 年，北京已有 60 多个单位，370 万平方米实现了大院式集中供热。[3]

---

〔1〕参见北京市地方志编纂委员会编著：《北京志·市政卷·供水志、供热志、燃气志》，北京出版社 2003 年版，第 226 页。

〔2〕参见清华大学环境保护领导小组：《做好环境保护工作是学校斗、批、改的一项重要任务》，《环境保护通讯》1975 年第 10 期；《采取多种形式集中供热消除烟尘污染》，《环境保护通讯》1976 年第 2 期。

〔3〕参见北京市地方志编纂委员会编著：《北京志·市政卷·环境保护志》，北京出版社 2004 年版，第 145、298 页。

结语：历史的反思

新中国成立以来，中国共产党人在推进中国现代化进程的探索中逐步形成了毛泽东资源综合利用的思想，从水资源的综合利用、工业原料的综合利用到工业废料的综合利用，形成了一套适合当时中国国情的工业"三废"（废水、废气、废渣）综合利用办法，还引起了日本、美国等学者和媒体的关注与介绍。但是，在"文化大革命"的冲击下，原有的管理制度被诬为所谓"修正主义"的一部分而被打倒，难以有效发挥作用。同时，由于中国面临严峻的国际局势，新的战备高潮下高投入、高浪费、高污染、低效率为特征的工业跃进导致工业污染问题迅速恶化，接连发生了一系列的污染事件，其中典型的有：富春江污染事件、官厅水污染事件和大连湾污染事件。污染问题的加剧引起了党中央的高度重视。

在全国性"三废"污染调查过程中，人们对国内的污染情况逐渐有了较为清晰的认识，同时根据实际情况，各地各部门也建议由中央召开一次全国性的会议来强调治理"三废"的重要性，并统筹安排各地区各流域的"三废"治理工作。

1971 年中国恢复联合国代表权，联合国两次邀请中国派出政府高级代表团参加 1972 年在斯德哥尔摩召开的联合国人类环境会议。1972

年 6 月，中国出席第一届联合国人类环境会议，参与了《人类环境宣言》的审议和通过，成为全球环境治理的重要参与者。出席联合国人类环境会议在三个层次上推动了中国环境事业的发展：（1）"环境保护"一词第一次进入中国公共政策话语，并向全世界宣告了中国的环境保护工作方针；（2）出席联合国人类环境会议的准备工作推动了"三废"治理工作从卫生部门上升到国家决策高层，由国家计委直接领导；（3）参与联合国人类环境会议，代表团直观地了解了外国的污染和环境治理情况，使中国领导层进一步认识到中国的环境污染问题的严重性和治理的紧迫性，进一步推动了 1973 年全国环境保护会议的召开。

出席联合国人类环境会议后，1972 年底，中国又派出了四国科学家访问团，并将环境保护问题作为访问团的主要考察内容之一。访问团回国后系统地介绍了英国、美国、瑞典、加拿大的环境保护体制，为我国环境保护工作提供了借鉴。

官厅水库治理模式初步成型。官厅水库水源保护工作作为新中国第一个区域流域污染治理项目受到了党中央、国务院的特别重视，国务院连发三个文件，集中指导官厅水库水源保护工作。加强领导、发动群众、土法上马与科学治理相结合、开展社会主义大协作是官厅水库治理模式的主要特点。（1）加强领导：成立官厅水库水源保护领导小组，负责统筹各部门各地区的治理工作；（2）发动群众：通过发动群众，以解决对污染认识不足和对"三废"治理重视不够的问题；（3）土法上马与科学治理相结合：土法上马可以完成初级土建工作和较为初级的处理工作，科学治理可以对付难处理的污染物，两种方法结合，力图在短期内解决"三废"污染问题；（4）开展社会主义大协作：由于缺乏资金、物资和技术，只有通过社会主义大协作的方式，超越原有的条块分割，来解决资金、物资和技术不足的问题。同时，官厅水库水源保护工作还摸索出了"三同时"制度等对新中国环境工作具有深远影响的工作机制。官厅水库水源保护工作的经验成为1973年全国环境保护会议中介绍的主要成功经验，为各地所仿效。

1973年初，北京环境保护会议召开，初步总结了北京环境治理经验。北京市作为首都，其环境治理受到党中央的高度重视，因此也在全国先行一步，系统地展开了许多卓有成效的工作和积极的探索。

1973年1月，国家计划委员会向国务院请示召开全国环境保护会议，很快得到批准。全国环境保护会议筹备办公室草拟了《关于开展环境保护工作的几点意见》《关于加强全国环境监测工作的意见（讨论稿）》《关于防止企业有毒有害物质危害的规划（讨论稿）》《防止沿海水域污染暂行规定（讨论稿）》《自然保护区暂行条例（草案）》《工业废水废气排放标准》《工业企业设计卫生标准（送审稿）》《放射防护规定》等一系列文件草案和讨论稿下发各地，并派出5个小组分赴各地征询意见，同时举办了15次大型座谈会，了解了生态学、化学、地质学、医学、气象学、林业、水产、海洋、放射性物质等方面的情况。全国环境保护会议筹备办公室还组织了有关部门和上海市、天津市的科技人员140多人，编写和翻译了11本书，共二三百万字，还筹备了有关环境保护的展览。全国环境保护会议筹备办公室为会议的顺利召开作了充足的准备。

1973年8月5日—20日，首次全国环境保护会议在北京召开。会议介绍了北京市、上海市、株洲市和沈阳化工厂、官厅水库水源保护领导小组等单位消除"三废"污染、开展综合利用的经验。为了扩大影响，引起更广泛的关注，会议结束前一天，国务院在人民大会堂召开有各界代表出席的万人大会。李先念等党和国家领导人出席大会并发表讲话，要求各级各地领导高度重视环境问题，广泛宣传全国环境保护会议的精神。会议还通过 16 期会议简报、6 期"简报增刊"和 6 期"情况反映"，反映了当时中国环境污染和生态环境破坏的严重性。与会代表们认识到了环境问题"现在就抓，为时不晚"。会议审议通过了"全面规划，合理布局，综合利用，化害为利，依靠群众，大家动手，保护环境，造福人民"的新中国环境保护"三十二字方针"；会议讨论通过了新中国历史上第一个由国务院颁布的环境保护文件——《关于保护和改善环境的若干规定（试行草案）》。作为新中国第一部环境保护的综合性法规，《关于保护和改善环境的若干规定（试行草案）》从做好全面规划、合理布局工业等十个方面对保护和改善环境作出了规定。[1]

第一次全国环境保护会议成为中国环境觉醒的标志，像一声惊雷，催醒了湮没在"文革"极左路线中的人们，促进了中国人的"环境觉醒"，使得环境保护逐渐成为家喻户晓的词语。

第一次全国环境保护会议后，各级各部门环境保护机构在全国迅速建立；环境保护工作列入党委工作议程；国家颁布了《工业"三废"排放试行标准》，为环境保护工作提供了基本依据；全社会环境保护意识逐步觉醒，一批介绍中国和外国环境保护经验的著作得以翻译出版，一批院校开设了环境相关专业；北京西郊污染调查、蓟运河污染调查、南黄海海洋污染调查、北京空气污染治理、白洋淀污染治理、湖北鸭儿湖污染治理等工作全面展开。

回顾历史，党和政府始终是中国环境事业的推动者、引领者和领导者。人民利益是党和政府推动环境工作的出发点和归宿。环境工作始终要与社会经济发展水平相适应。

---

[1] 参见中共中央党史研究室第二研究部：《〈中国共产党历史第 2 卷〉注释集》，中共党史出版社 2012 年版，第 277 页。

参考文献

一、档案资料

［1］北京市环境保护局《大事记》编写组：《北京市环境保护大事记（1971—1985）》，1986年。

［2］北京市环境质量报告书编写组：《北京市环境质量报告书（1970—1980）》，1981年。

［3］福建省三明地区革委会科学技术委员会：《环境保护文件选编》，1974年。

［4］湖南省黔阳地区卫生防疫站：《环境保护资料汇编》，1976年。

［5］河北省秦皇岛市环境保护局：《环境保护文件选编》，1980年。

［6］鹤壁市革命委员会环境保护办公室编印：《环境保护文件选》，1977年。

［7］湖北省医学科学院、湖北省卫生防疫站编：《长江水质污染状况调查资料汇编·六省一市协作会议交流资料（1972年5月）》，湖北省医学科学院、湖北省卫生防疫站，1972年6月。

［8］湖北省医学科学院、湖北省卫生防疫站编：《长江水质污染状况调查资料汇编·六省一市协作会议交流资料（1973年4月）第2集》，

湖北省医学科学院、湖北省卫生防疫站，1973 年 6 月。

［9］吉林市环境卫生管理处：《吉林市环境卫生志》，1990 年。

［10］沈阳市环境保护监测站、沈阳市环境保护科研所编：《环境保护文件和标准选编》，1978 年。

［11］天津市农业环保管理监测站：《农业环境保护资料选编》，1984 年。

［12］长春市环境保护局编：《环境保护文件汇编（1973—1989）》，1990 年。

［13］中国 21 世纪议程管理中心编：《全国贯彻实施〈中国 21 世纪议程〉汇报交流会文集汇编》，中国 21 世纪议程管理中心，1996 年。

［14］株洲市革委会环境保护办公室编：《环境保护文件选编》，1976 年。

［15］《全国工业卫生工作经验交流资料选编（工业"三废"、防治矽肺、防治职业中毒学习班）》，湖北省卫生防疫站，1972 年 4 月。

［16］中共吉林省委党史研究室、吉林省档案馆编：《一九七五年的整顿·吉林卷》，2002 年。

［17］山东省革命委员会卫生局编印：《工业"三废"处理、防治职业中毒、矽肺防治经验资料选编》，1972 年 1 月。

［18］学习班办公室：《1971 年全国防治职业中毒学习班资料汇编》（下），北京朝阳医院，1973 年。

［19］沿黄八省（区）工业"三废"污染调查协作组：《黄河水系工业"三废"污染调查资料汇编》（第一分册），1977 年。

［20］天津市塘沽区革命委员会环境保护办公室：《环境保护文件选编》，1972 年。

［21］中国环境管理、经济与法学学会、北京政法学院经济法教研

室编：《环境法参考资料选编》第 3 辑，1982 年。

二、文件汇编

［1］《海河志》编纂委员会编：《海河志·大事记》，中国水利水电出版社 1995 年版。

［2］《李先念传》编写组、鄂豫边区革命史编辑部编写：《李先念年谱》第 5 卷，中央文献出版社 2011 年版。

［3］《李先念传》编写组编：《建国以来李先念文稿》第 3 册，中央文献出版社 2011 年版。

［4］《新中国预防医学历史经验》编委会编：《新中国预防医学历史经验》第 2 卷，人民卫生出版社 1990 年版。

［5］《浙江粮油科技》编辑室：《浙江粮食科学研究所建所三十周年科研文集》，1987 年。

［6］《浙江省志》编纂委员会：《浙江省供销合作社志》，浙江人民出版社 1989 年版。

［7］《中国环境保护行政二十年》编委会编：《中国环境保护行政二十年》，中国环境科学出版社 1994 年版。

［8］《中国环境年鉴》编辑委员会编：《中国环境年鉴（1990）》，中国环境科学出版社 1990 年版。

［9］《中国环境年鉴》编辑委员会编：《中国环境年鉴（2013）》，中国环境年鉴社 2013 年版。

［10］《中国林业年鉴》编辑部编：《中国林业年鉴（1988 年）》，中国林业出版社 1989 年版。

［11］《中华大典》编纂委员会编纂：《中华大典·林业典·森林利用分典》，凤凰出版社 2013 年版。

［12］《中华大典》编纂委员会编纂：《中华大典·林业典·森林资源与生态分典》（2册），凤凰出版社 2014 年版。

［13］《中华大典》编纂委员会编纂：《中华大典·林业典·林业思想与文化》，凤凰出版社 2013 年版。

［14］《中华大典》编纂委员会编纂：《中华大典·林业典·森林培育与管理分典》，凤凰出版社 2012 年版。

［15］北京市地方志编纂委员会编著：《北京志·市政卷·环境保护志》，北京出版社 2004 年版。

［16］北京市地方志编纂委员会编：《北京志·综合经济管理卷·物资志》，北京出版社 2004 年版。

［17］北京市地方志编纂委员会编著：《北京志·市政卷·供水志、供热志、燃气志》，北京出版社 2003 年版。

［18］国家环境保护局办公室编：《环境保护文件选编（1973—1987）》，中国环境科学出版社 1988 年版。

［19］国家环境保护局办公室编：《环境保护文件选编（1988—1992）》，中国环境科学出版社 1995 年版。

［20］国家环境保护局办公室编：《环境保护文件选编（1993—1995）》，中国环境科学出版社 1996 年版。

［21］国家环境保护局办公室编：《环境保护文件选编（1996）》，中国环境科学出版社 1998 年版。

［22］国家环境保护局编：《第三次全国环境保护会议文件汇编》，中国环境科学出版社 1989 年版。

［23］国家环境保护局编：《第四次全国环境保护会议文件汇编》，中国环境科学出版社 1996 年版。

［24］国家环境保护局编：《光辉的事业：纪念中国环境保护事业

开创 15 周年》，中国环境科学出版社 1988 年版。

　　[25] 国家环境保护局编：《中国环境保护事业（1981—1985）》，中国环境科学出版社 1988 年版。

　　[26] 国家环境保护局编：《中国环境统计资料汇编（1981—1990）》，中国环境科学出版社 1994 年版。

　　[27] 国家环境保护局宣传教育司编：《中国的环境宣传》，中国环境科学出版社 1992 年版。

　　[28] 国家环境保护总局、中央文献研究室编：《新时期环境保护重要文献选编》，中央文献出版社、中国环境科学出版社 2001 年版。

　　[29] 国家环境保护总局办公厅编：《环境保护文件选编（1997年）》，中国环境科学出版社 1998 年版。

　　[30] 国家环境保护总局办公厅编：《环境保护文件选编（2002）》（上、下），中国环境科学出版社 2003 年版。

　　[31] 国家环境保护总局编：《第六次全国环境保护大会文件汇编》，中国环境科学出版社 2006 年版。

　　[32] 国家环境保护总局编：《中国环境统计年报（2004）》，中国环境科学出版社 2005 年版。

　　[33] 国家经济贸易委员会编：《中国工业五十年》第 5 卷下册，中国经济出版社 2000 年版。

　　[34] 国家统计局、国家环境保护总局编：《中国环境统计年鉴·2006·中英文对照》，中国统计出版社 2006 年版。

　　[35] 国家统计局农村社会经济调查司编：《改革开放三十年农业统计资料汇编》，中国统计出版社 2009 年版。

　　[36] 国土资源部、中央文献研究室编：《国土资源保护与利用文献选编（一九七九——二〇〇二年）》，中央文献出版社 2003 年版。

［37］国务院第二次全国农业普查领导小组办公室、国家统计局：《中国第二次全国农业普查资料汇编》，中国统计出版社 2009 年版。

［38］国务院第二次全国农业普查领导小组办公室、中华人民共和国国家统计局编：《中国第二次全国农业普查资料综合提要》，中国统计出版社 2008 年版。

［39］国务院水土保持委员会办公室编：《黄河流域水土保持基本资料汇编》，1960 年。

［40］何新天主编：《全国种公牛站资料汇编》，中国农业出版社 2008 年版。

［41］中共中央文献研究室编：《十六大以来重要文献选编》（中），中央文献出版社 2011 年版。

［42］湖南人民出版社编辑部：《大寨同志介绍大寨经验》，湖南人民出版社 1973 年版。

［43］湖南省卫生防疫站编：《卫生防疫法规汇编·劳动卫生部分》，湖南省卫生防疫站，1963 年。

［44］中华人民共和国国家建设委员会、中华人民共和国卫生部批准：《工业企业设计暂行卫生标准（标准 -101-56）》，人民卫生出版社 1956 年版。

［45］环境保护部办公厅：《环境保护文件选编·2007》（上、中、下），中国环境科学出版社 2013 年版。

［46］环境保护部政策法规司编：《环境经济政策汇编》（上、下），中国环境出版社 2016 年版。

［47］黄河水利委员会水土保持处编：《黄河流域水土保持基本资料汇编》，1981 年。

［48］江苏省地方志编纂委员会编：《江苏省志·环境保护志》，江

苏古籍出版社 2001 年版。

　　［49］李波、孟庆楠编著：《中国气象灾害大典·辽宁卷》，气象出版社 2005 年版。

　　［50］辽宁省水源与水土保持工作领导小组办公室：《辽宁省水土保持资料汇编》，1989 年。

　　［51］林业部办公厅编：《林业工作重要文件汇编》第 1 辑，中国林业出版社 1960 年版。

　　［52］林业部办公厅编：《林业工作重要文件汇编》第 10 辑，中国林业出版社 1986 年版。

　　［53］林业部编：《全国林业统计资料（1987 年）》，中国林业出版社 1988 年版。

　　［54］林业部林业工作站管理总站编：《林业工作站文件资料汇编（1988—1993）》，中国林业出版社 1994 年版。

　　［55］林业部综合计划司编：《全国林业统计资料汇编（1949—1987）》，中国林业出版社 1990 年版。

　　［56］刘燕生编著：《官厅水系水源保护史志；北京市自然保护史志》，中国环境科学出版社 1995 年版。

　　［57］农业部编：《1964 年棉花丰产经验选辑》，农业出版社 1965 年版。

　　［58］农业部编：《甘薯马铃薯丰产经验——全国农业丰产经验汇集》，通俗读物出版社 1957 年版。

　　［59］农业部编：《棉花生产上的大寨——杨谈》，中国农业出版社 1965 年版。

　　［60］农业部计划局编：《农业统计资料手册》，中国农业出版社 1958 年版。

［61］农业部计划局编：《农业经济区划资料汇编》，中国农业出版社 1958 年版。

［62］农业部主编：《农田灌溉水质标准 TJ24-79 试行》，中国建筑工业出版社 1979 年版。

［63］戚其平主编：《环境卫生五十年》，人民卫生出版社 2004 年版。

［64］全国农业普查办公室编：《中国第一次农业普查资料综合提要》，中国统计出版社 1998 年版。

［65］人民出版社编辑部：《全党动员，大办农业，为普及大寨县而奋斗——全国农业学大寨会议文件和材料汇编》，人民出版社 1975 年版。

［66］山东人民出版社编辑部：《农业学大寨——全国农业学大寨会议材料选编》，山东人民出版社 1975 年版。

［67］陕西省科学技术协会筹备委员会编：《深翻土地资料汇编》，1959 年。

［68］商业部粮食储运局编：《粮油标准资料汇编》，中国标准出版社 1988 年版。

［69］上海科学技术出版社编：《上海市养猪工作大会资料汇编》，上海科学技术出版社 1960 年版。

［70］《苏联工业企业设计卫生标准》，苏联部长会议国家建设事业委员会批准，诸慧华译，人民卫生出版社 1956 年版。

［71］王锋、戴建兵编：《滹沱河史料集》，天津古籍出版社 2012 年版。

［72］《工厂设计卫生标准》，王敏英译，东北人民政府卫生部教育处出版科 1952 年。

［73］《苏联工厂设计卫生标准》（1951 年改订），王敏英译，人民

卫生出版社 1953 年版。

［74］武汉市环境保护局编：《武汉环境志》，中国环境科学出版社 1991 年版。

［75］徐祥民编：《中国环境法全书》（1—14 卷），人民出版社 2015 年版。

［76］许崇德总主编：《中华人民共和国法律大百科全书·环境保护法、军事法卷》，河北人民出版社 1999 年版。

［77］中共党史资料编辑部编：《中共党史资料》第 107 辑，中共党史出版社 2008 年版。

［78］中共中央办公厅编：《中国共产党第八次全国代表大会文献》，人民出版社 1957 年版。

［79］中共中央党史研究室、中央档案馆编：《中共党史资料》第 73 辑，中共党史出版社 2000 年版。

［80］中共中央党史研究室第二研究部：《〈中国共产党历史第 2 卷〉注释集》，中共党史出版社 2012 年版。

［81］中共中央党史研究室：《中国共产党历史》第 2 卷（下册），中共党史出版社 2011 年版。

［82］中国环境报社编译：《迈向 21 世纪——联合国环境与发展大会文献汇编》，中国环境科学出版社 1992 年版。

［83］中国环境科学出版社编：《第七次全国环境保护大会文件汇编》，中国环境科学出版社 2012 年版。

［84］中国环境科学研究院、武汉大学环境法研究所编：《中华人民共和国环境保护法研究文献选编》，法律出版社 1983 年版。

［85］中国建筑工业出版社编辑部：《环境保护文选》，中国建筑工业出版社 1974 年版。

［86］中国科学技术情报研究所编：《国外环境污染和环境保护》，"出国参观考察报告"，编号：（73）008，1973年。

［87］中国社会科学院、中央档案馆编：《中华人民共和国经济档案资料选编（1958—1965）·对外贸易卷》，中国财政经济出版社2011年版。

［88］中国社会科学院、中央档案馆编：《中华人民共和国经济档案资料选编（1958—1965）·工业卷》，中国财政经济出版社2011年版。

［89］中国社会科学院、中央档案馆编：《中华人民共和国经济档案资料选编（1958—1965）·固定资产投资与建筑业卷》，中国财政经济出版社2011年版。

［90］中国社会科学院、中央档案馆编：《中华人民共和国经济档案资料选编（1958—1965）·综合卷》，中国财政经济出版社2011年版。

［91］中国社会科学院人口研究中心《中国人口年鉴》编辑部：《中国人口年鉴（1985年）》，中国社会科学出版社1986年版。

［92］中华人民共和国农业部编：《肥料志》，农业出版社1958年版。

［93］中华人民共和国城乡建设环境保护部、海洋环境保护法执行情况调研组编：《国内外海洋环境保护法规与资料选编》，1984年。

［94］中华人民共和国国家统计局、中国粮食及农业统计中心编：《河北省威县农业普查试点汇总资料简编》，北京农业大学出版社1991年版。

［95］中华人民共和国内务部农村福利司编：《建国以来灾情和救灾工作史料》，法律出版社1958年版。

［96］中央文献研究室编：《建国以来重要文献选编》第6册，中

央文献出版社 1993 年版。

［97］中央文献研究室编：《建国以来重要文献选编》第 13 册，中央文献出版社 1996 年版。

［98］中央文献研究室编：《毛泽东年谱》第 2 卷，中央文献出版社 2013 年版。

［99］中央文献研究室编：《毛泽东文集》第 7 卷，人民出版社 2004 年版。

［100］中央文献研究室编：《中共中央文件选集》第 33 册，中央文献出版社 2013 年版。

［101］《周恩来经济文选》，中央文献出版社 1993 年版。

三、著作

［1］［明］李诩：《戒庵老人漫笔》，中华书局，1982 年版。

［2］"河北环境保护丛书"编委会：《河北环境发展规划》，中国环境科学出版社 2011 年版。

［3］《安徽省环境志》编辑室编，方晨主编：《安徽环境保护年述》，合肥工业出版社 2014 年版。

［4］《王化云治河文集》，黄河水利出版社 1997 年版。

［5］《郑州黄河志》编辑室：《郑州黄河志》，1986 年。

［6］北京市研究会编：《北京史与北京生态文明研究》，经济科学出版社 2015 年版。

［7］北京市政协文史和学习委员会：《北京水史》（上、下册），中国水利出版社 2013 年版。

［8］《周恩来年谱（1949—1976）》下卷，中央文献出版社 1997 年版。

［9］曾培炎主编：《1999 年中国国民经济和社会发展报告》，中国计划出版社 1999 年版。

［10］曾芸：《二十世纪贵州屯堡农业与农村变迁研究》，中国三峡出版社 2009 年版。

［11］陈锦华主编：《1995 年中国国民经济和社会发展报告》，中国计划出版社 1995 年版。

［12］中央文献研究室编：《陈云文集》第 2 卷，中央文献出版社 2005 年版。

［13］德州黄河河务局编：《德州黄河志（1986—2005）》，黄河水利出版社 2013 年版。

［14］第一次全国污染源普查资料编纂委员会编：《污染源普查数据集》，中国环境科学出版社 2011 年版。

［15］董学荣、吴瑛：《滇池沧桑：千年环境史的视野》，知识产权出版社 2013 年版。

［16］董志凯：《共和国经济风云回眸》，中国社会科学出版社 2009 年版。

［17］范立君：《近代松花江流域经济开发与生态环境变迁》，中国社会科学出版社 2013 年版。

［18］范明：《北京农业政策的发展与演变（1949—2010 年）》，中国农业出版社 2013 年版。

［19］范亚新：《冷战后中国环境外交发展研究》，中国政法大学出版社 2015 年版。

［20］李琦主编：《在周恩来身边的日子——西花厅工作人员的回忆》，中央文献出版社 1998 年版。

［21］国家环境保护局编：《光辉的事业》，中国环境科学出版社

1988 年版。

［22］国家计委国土开发与地区经济研究所、国家计委国土地区司编：《'95 中国人口资源环境报告》，中国环境科学出版社 1995 年版。

［23］国家计委国土开发与地区经济研究所、国家计委国土地区司编：《'96 中国人口资源环境报告》，中国环境科学出版社 1996 年版。

［24］国家计委国土开发与地区经济研究所、国家计委国土地区司编：《'97 中国人口资源环境报告》，中国环境科学出版社 1997 年版。

［25］国务院环境保护委员会办公室编：《李鹏同志关于环境保护的论述》，中国环境科学出版社 1988 年版。

［26］国务院环境保护委员会办公室编：《万里同志关于环境保护的论述》，中国环境科学出版社 1988 年版。

［27］韩昭庆：《荒漠、水系、三角洲：中国环境史的区域研究》，上海科学技术文献出版社 2010 年版。

［28］戴建兵编：《环境史研究》第 1 辑，地质出版社 2011 年版。

［29］湖南省农业厅、林业厅、水利厅编：《水土保持》，水利出版社 1958 年版。

［30］黄河水利委员会黄河志总编辑室编：《河南黄河志》，1986 年。

［31］黄河志编纂委员会编：《黄河志·黄河勘测志》，河南人民出版社 2017 年版。

［32］济南市黄河河务局编：《济南市黄河志》，1993 年。

［33］姜朝、张继华编：《中国海洋经济史大事记·现代编》，经济科学出版社 2012 年版。

［34］姜春云：《生态新论》，新华出版社 2013 年版。

［35］姜春云编著：《姜春云调研文集》第 3 卷"生态文明与人类发展卷"，新华出版社 2010 年版。

［36］姜春云主编：《偿还生态欠债——人与自然和谐探索》，新华出版社 2007 年版。

［37］姜春云主编：《中国生态演变与治理方略》，中国农业出版社 2004 年版。

［38］姜旭朝编：《中华人民共和国海洋经济史》，经济科学出版社 2008 年版。

［39］金鉴明：《自然、文化、科技：中国环境保护的思考与探索》，中国环境科学出版社 1995 年版。

［40］金子成主编：《北京西城往事·第 3 部·西城追忆集粹》，中国文史出版社 2009 年版。

［41］柯小卫：《当代北京环境卫生史话》，当代中国出版社 2010 年版。

［42］可持续发展世界首脑会议中国筹委会：《中华人民共和国可持续发展国家报告》，中国环境科学出版社 2002 年版。

［43］蓝勇：《历史时期西南经济开发与生态变迁》，云南教育出版社 1992 年版。

［44］李根蟠等编：《中国经济史上的天人关系学术讨论会论文集》，中国农业出版社 2000 年版。

［45］李庆新主编：《海洋史研究》第 1 辑，社科文献出版社 2010 年版。

［46］李仁臣主编：《天道曲如弓——新闻视角下的曲格平》，中国环境科学出版社 2014 年版。

［47］李曙白、韩天高、徐步进：《让核技术接地气——陈子元传》，中国科学技术出版社 2014 年版。

［48］李文明、王秀清：《中国东北百年农业增长研究（1914—

2005）》，中国农业出版社 2011 年版。

［49］李玉尚：《海有丰歉：黄渤海的鱼类与环境变迁（1368—1958）》，上海交通大学出版社 2011 年版。

［50］联合国可持续发展大会中国筹委会：《中华人民共和国可持续发展国家报告》，人民出版社 2012 年版。

［51］梁志平：《水乡之渴：江南水质环境变迁与饮水改良（1840—1980）》，上海交通大学出版社 2014 年版。

［52］林观海、张汝翼主编：《黄河志索引》，河南人民出版社 2001 年版。

［53］林业部编：《毛泽东论林业》，中央文献出版社 1993 年版。

［54］刘国新、宋华忠、高国卫：《美丽中国：中国生态文明建设政策解读》，天津人民出版社 2014 年版。

［55］卢风等：《生态文明：文明的超越》，中国科学技术出版社 2019 年版。

［56］马凯主编：《2004 年中国国民经济和社会发展报告》，中国计划出版社 2004 年版。

［57］王曦主编：《国际环境法与比较环境法评论》第 1 卷（2002 年），法律出版社 2002 年版。

［58］马祖毅等：《中国翻译通史·现当代部分·第 3 卷》，湖北教育出版社 2006 年版。

［59］毛寿彭：《水土保持》，华冈出版有限公司 1954 年版。

［60］梅雪芹、陈祥、刘宏焘等：《直面危机：社会发展与环境保护》，中国科学技术出版社 2014 年版。

［61］美国国会联合经济委员会编：《对中国经济的重新估计》上册，北京对外贸易学院等译，中国财政经济出版社 1977 年版。

［62］全国方志资料工作协作组编：《中国新方志目录（1949—1992）》，书目文献出版社 1993 年版。

［63］曲格平、彭近新主编：《环境觉醒——人类环境会议和中国第一次环境保护会议》，中国环境科学出版社 2010 年版。

［64］曲格平：《梦想与期待：中国环境保护的过去与未来》，中国环境科学出版社 2000 年版。

［65］《曲格平文集》12 册，中国环境科学出版社 2007 年版。

［66］李怀臣主编：《天道曲如弓：新闻视角下的曲格平》（修订本），中国环境科学出版社 2015 年版。

［67］曲格平主编：《环境科学词典》，上海辞书出版社 1994 年版。

［68］全国推进可持续发展战略领导小组办公室编：《中国 21 世纪初可持续发展行动纲要》，中国环境科学出版社 2004 年版。

［69］山西大学中国社会史研究中心编：《山西水利社会史》，北京大学出版社 2012 年版。

［70］上海工业锅炉厂研究所编：《工业锅炉消烟除尘》，上海人民出版社 1974 年版。

［71］史君卿：《中国主要粮食作物技术效率及其影响因素研究》，中国农业科学技术出版社 2014 年版。

［72］史念海、曹尔琴、朱士光：《黄土高原森林与草原的变迁》，陕西人民出版社 1985 年版。

［73］水利部机关服务局编：《新中国水利志书目提要》，中国水利水电出版社 2013 年版。

［74］水利水电科学研究院编：《中国水利史稿》（下），水利电力出版社 1989 年版。

［75］《万里环境保护文集》，中国环境科学出版社 1998 年版。

［76］万里:《造福人类的一项战略任务——论中国的环境保护和城市规划》,中国环境科学出版社 1992 年版。

［77］万振凡、万心:《血吸虫病与鄱阳湖区生态环境变迁（1900—2010）》,中国社会科学出版社 2015 年版。

［78］汪劲:《环境法治的中国路径:反思与探索》,中国环境科学出版社 2011 年版。

［79］汪劲主编:《环保法治三十年:我们成功了吗?——中国环保法治蓝皮书（1979—2010）》,北京大学出版社 2011 年版。

［80］王华东等:《环境污染综合防治》,山西人民出版社 1984 年版。

［81］王化云:《我的治河实践》,河南科学技术出版社 1989 年版。

［82］王建革:《水乡生态与江南社会（9—20 世纪）》,北京大学出版社 2013 年版。

［83］王瑞芳:《当代农村的水利建设》,江苏大学出版社 2012 年版。

［84］王瑞芳:《当代中国水利史（1949—2011）》,中国社会科学出版社 2014 年版。

［85］王之佳编:《中国环境外交——从斯德哥尔摩到里约热内卢》,中国环境科学出版社 2012 年版。

［86］王之佳编著:《中国环境外交:中国环境外交的回顾与展望》,中国环境科学出版社 1999 年版。

［87］王志芳:《中国环境治理体系和能力现代化的实现路径:以国际经验为中心》,时事出版社 2017 年版。

［88］魏礼群主编:《1996—2010 年中国社会全面发展战略研究报告》,辽宁人民出版社 1996 年版。

［89］文焕然等著,文榕生选编整理:《中国历史时期植物与动物变迁研究》,重庆出版社 2006 年版。

［90］吴承明、董志凯主编：《中华人民共和国经济史（1949—1952）》，社会科学文献出版社 2010 年版。

［91］吴慧：《中国历代粮食亩产研究》（增订再版），中国农业出版社 2016 年版。

［92］武汉水利电力学院、水利水电科学研究院《中国水利史稿》编写组编：《中国水利史稿》（上），水利电力出版社 1979 年版。

［93］武汉水利电力学院编：《中国水利史稿》（中），水利电力出版社 1987 年版。

［94］物资部燃料司编写组：《中国燃料流通管理》，哈尔滨工业大学出版社 1988 年版。

［95］夏堃堡：《环境外交官纪事》，中国环境科学出版社 2016 年版。

［96］夏堃堡编著：《环境外交官手记》，中国环境科学出版社 2009 年版。

［97］徐波：《近 400 年来中国西部社会变迁与生态环境》，中国社会科学出版社 2014 年版。

［98］杨朝飞主编：《通向环境法制的道路——〈环境保护法〉修改思路研究报告》，中国环境出版社 2013 年版。

［99］杨学新：《根治海河运动编年史》，河北大学出版社 2015 年版。

［100］杨学新编：《根治海河运动口述史》，人民出版社 2014 年版。

［101］雍文涛：《林业建设问题研究》，中国林业出版社 1986 年版。

［102］余群芝：《对华环境援助的减污效应与政策研究》，人民出版社 2015 年版。

［103］张根福、冯贤亮、岳钦韬：《太湖流域人口与生态环境的变迁及社会影响研究（1851—2005）》，复旦大学出版社 2014 年版。

［104］张建民编：《10 世纪以来长江中游区域环境、经济与社会

变迁》，武汉大学出版社 2008 年版。

［105］张金池、毛峰、林杰等：《京杭大运河沿线生态环境变迁》，科学出版社 2012 年版。

［106］张坤民：《关于中国可持续发展的政策与行动》，中国环境科学出版社 2004 年版。

［107］赵凌云、张连辉、易杏花等：《中国特色生态文明建设道路》，中国财政经济出版社 2014 年版。

［108］赵永康、肖伦祥编写：《乡镇企业环境保护法律手册》，贵州人民出版社 1990 年版。

［109］赵勇、牛玉国主编：《河南黄河志（1984—2003）》，黄河水利出版社 2009 年版。

［110］中共北京市委党史研究室编：《并不遥远的记忆》，中央文献出版社 2013 年版。

［111］中共张家口市委党史研究室编：《塞北情：党和国家领导人在张家口》，中共党史出版社 1993 年版。

［112］中共中央文献研究室、国家林业局编：《毛泽东论林业》（新编本），中央文献出版社 2003 年版。

［113］中共中央文献研究室、国家林业局编：《周恩来论林业》，中央文献出版社 1999 年版。

［114］中央文献研究室、国家林业局编：《刘少奇论林业》，中央文献出版社 2005 年版。

［115］中央文献研究室、国家林业局编：《新时期党和国家领导人论林业与生态建设》，中央文献出版社 2001 年版。

［116］中国工程院、环境保护部编：《中国宏观战略研究·综合报告卷》（上），中国环境科学出版社 2011 年版。

［117］中国环境监测总站编：《中国环境监测总站三十年》，中国环境科学出版社 2010 年版。

［118］中国环境科学研究院环境法研究所、武汉大学环境法研究所：《环境保护法论文选》，中国环境科学研究院环境法研究所，1984 年。

［119］中国江河水利志研究会秘书处编：《江河水利志资料选辑》（1），1985 年。

［120］中国科学学会编著：《中国科学学会史》，上海交通大学出版社 2008 年版。

［121］中国科学院可持续发展研究组编：《1999 中国可持续发展战略报告》，科学出版社 1999 年版。

［122］中国科学院可持续发展战略研究组编：《2014 中国可持续发展战略报告——创建生态文明的制度体系》，科学出版社 2014 年版。

［123］中华人民共和国国土资源部编：《中国国土资源年鉴》（2015 版），地质出版社 2016 年版。

［124］周琼：《云南生态文明实践路径的理论研究》，科学出版社 2020 年版。

［125］朱庭光主编：《外国历史名人传·现代部分》（下），重庆出版社 1984 年版。

［126］李毅等编：《科学技术与社会发展研究》，清华大学出版社 2017 年版。

［127］中国工程院、环境保护部编：《中国宏观战略研究成果要点》，中国环境科学出版社 2011 年版。

四、期刊论文

[1]刘德隅：《云南森林历史变迁初探》，《农业考古》1995年第3期。

[2]包茂宏：《解释中国历史的新思维：环境史——评述伊懋可教授的新著〈象之退隐：中国环境史〉》，《中国历史地理论丛》2004年第3期。

[3]北京市革命委员会环境保护办公室：《环境保护通讯》1975年第1期。

[4]北京市环境保护科学研究所：《氯丁橡胶废水深度处理的试验》，《建筑技术通讯（给水排水）》1976年第2期。

[5]本刊编辑部：《北京市环境保护工作简讯》，《环境保护》1973年第1期。

[6]本刊编辑部：《依靠群众搞好消烟除尘》，《劳动保护》1974年第4期。

[7]陈兴吴：《当代中国的环境保护事业》，《环境科学动态》1986年第1期。

[8]同乐：《试论20世纪60、70年代的河北环境保护》，《当代中国史研究》2002年第1期。

[9]段蕾、康沛竹：《走向社会主义生态文明新时代——论习近平生态文明思想的背景、内涵与意义》，《科学社会主义》2016年第2期。

[10]段蕾：《新中国环保事业的起步：1970年代初官厅水库污染治理的历史考察》，《河北学刊》2015年第5期。

[11]官厅水系水源保护领导小组办公室：《官厅水系水源保护的研究》，《环境保护》1978年第1期。

[12]河北省沙城农药厂：《滴滴涕污水处理》，《农药工业》1974

年第 1 期。

［13］景爱：《科尔沁沙地的形成及其影响》，《中国历史地理论丛》1988 年第 4 期。

［14］吕志茹：《集体化时期大型水利工程中的民工用粮——以河北省根治海河工程为例》，《中国经济史研究》2014 年第 3 期。

［15］《钱伟长自述（续）》，《山西文史资料》2000 年第 3 期。

［16］谭徐明：《从历史、当代、未来中追寻水利的真谛——水利史研究的回顾与展望》，《中国水利水电科学研究院学报》2008 年第 3 期。

［17］王化云：《黄河溢洪堰工程总结》，《新黄河》1951 年第 11 期。

［18］王化云：《建国初期治黄工作回忆》，《黄河史志资料》1986 年第 4 期。

［19］魏华仙、黄进华：《"环境史视野与经济史研究"学术研讨会综述》，《中国经济史研究》2006 年第 3 期。

［20］于永：《新中国成立以来内蒙古生态环境变迁个案研究——喀喇沁旗王爷庙镇大富裕沟村生态环境变迁及其原因》，《当代中国史研究》2012 年第 4 期。

［21］张连辉：《20 世纪五六十年代中国的农药污染防治》，《中国经济史研究》2017 年第 2 期。

［22］张连辉：《中国污水灌溉与污染防治的早期探索（1949—1972）》，《中国经济史研究》2014 年第 2 期。

［23］张同乐、姜书平：《20 世纪 50—80 年代河北省污水灌溉与农业生态环境问题述论》，《当代中国史研究》2012 年第 1 期。

［24］赵凌云、张连辉：《新中国成立以来发展观与发展模式的历史互动》，《当代中国史研究》2005 年第 1 期。

［25］张连辉、赵凌云：《改革开放以来中国共产党转变经济发展方式理论的演进历程》，《中共党史研究》2011 年第 10 期。

五、学位论文

［1］崔海伟：《中国可持续发展战略的形成与初步实施研究（1992—2002 年）》，博士学位论文，中共中央党校，2013 年。

［2］邓群刚：《集体化时代的山区建设与环境演变——以河北省邢台县西部山区为中心》，博士学位论文，南开大学，2010 年。

［3］韩秀霜：《建国以来中国共产党生态环境思想研究》，博士学位论文，北京大学，2014 年。

［4］姜书平：《20 世纪 70—80 年代初河北环境问题研究》，硕士学位论文，河北师范大学，2008 年。

［5］刘丽周：《河北工业"三废"污染治理研究（1950—1980 年代）》，博士学位论文，河北师范大学，2013 年。

［6］孙保宁：《气候、市场与国家：山东耕作制度变迁研究（1560—1960）》，博士学位论文，上海交通大学，2011 年。

［7］王楠：《大庆地区石油开采前后生态环境变迁的文化成因分析》，硕士学位论文，吉首大学，2012 年。

［8］颜家安：《海南岛生态环境变迁史研究——以植物和动物变迁为研究视角》，博士学位论文，南京农业大学，2006 年。

六、外文

［1］"Foreign Relations of the United States, 1969 - 1976", Volume E - 1, *Documents on Global Issues, 1969 - 1972*, Document 288. Letter From the Acting Secretary of the Interior (Train) to

Under Secretary of State (Richardson).

[2] "Foreign Relations of the United States, 1969 – 1976", Volume E – 1, *Documents on Global Issues, 1969 – 1972*, Document 310. Intelligence Note RSGN–16 Prepared by the Bureau of Intelligence and Research.

[3] "Foreign Relations of the United States, 1969 – 1976", Volume E – 1, *Documents on Global Issues*, Document 309. Memorandum From the Executive Secretary of the Department of State (Eliot) to the President's Assistant for National Security Affairs (Kissinger).

[4] "Foreign Relations of the United States, 1969 – 1976", Volume E – 1, *Documents on Global Issues, 1969 – 1972*, Document 311. Memorandum From Chairman of the Council on Environmental Quality (Train) to the President's Assistant for National Security Affairs (Kissinger).

[5] J. Brooks Flippen, *Nixon and the Environment*, New Mexico: University of New Mexico, 2000; Russell Train, *Politics, Pollution, and Pandas: An Environmental Memoir*, Washington: Island Press/ Shearwater Books, 2003.

[6] Leo A. Orleans, "China's Environomics: Backing Into Ecological Leadership in Congressional Joint Economic Committee", *China: A Reassessment of the Economy*, U.S. Government Printing Office, Washington, 1975.